Exercise book for Astronomy-Space Test

天文宇宙検定

公式問題集
—— 星博士ジュニア ——

天文宇宙検定委員会 編

4級
2024〜2025年

恒星社厚生閣

天文宇宙検定 とは

　科学は本来楽しいものです。楽しさは、意外性、物語性、関係性、歴史性、予言力、洞察力、発展性などが、具体的なものを通じて語られる必要があります。そして何よりも、それを伝える人が楽しまなければなりません。人と人が接し合って伝え合うことの大切さを見直してみる必要があるでしょう。

　宇宙とか天文は、科学をけん引していく重要な分野です。天文宇宙検定は、単に知識の有無を検定するのではなく、「楽しく」、「広がりを持つ」、「考えることを通じて何らかの行動を起こすきっかけをつくる」検定でありたいと願っています。

　個人の楽しみだけに閉じず、多くの市民に広がり、生きた科学に生身で接する検定を目指しておりますので、みなさまのご支援をよろしくお願いいたします。

総合研究大学院大学名誉教授

池内　了

天文宇宙検定4級問題集について

　本書は第2回（2012年実施）〜第16回（2023年実施）の天文宇宙検定4級試験に出題された過去問題と、予想問題を掲載しています。

・本書の章立ては公式テキストに準じた構成になっています。

・2ページ（見開き）ごとに問題、正解・解説を掲載しました。

・過去問題の正答率は、解説の右下にあります。

　天文宇宙検定4級は、公式テキストと公式問題集をしっかり勉強していただければ、天文宇宙検定にチャレンジできるとともに、天文宇宙の世界を愉しんでいただくことができます。

天文宇宙検定　受験要項

受験資格　天文学を愛する方すべて。2級からの受験も可能です。年齢など制限はございません。
※ただし、1級は2級合格者のみが受験可能です。

出題レベル　**1級 天文宇宙博士（上級）**
理工系大学で学ぶ程度の天文学知識を基本とし、天文関連時事問題や天文関連の教養力を試したい方を対象。

　2級 銀河博士（中級）
高校生が学ぶ程度の天文学知識を基本とし、天文学の歴史や時事問題等を学びたい方を対象。

　3級 星空博士（初級）
中学生が学ぶ程度の天文学知識を基本とし、星座や暦などの教養を身につけたい方を対象。

　4級 星博士ジュニア（入門）
小学生が学ぶ程度の天文学知識を基本とし、天体観察や宇宙についての基礎的知識を得たい方を対象。

問題数　1級／40問　2級／60問　3級／60問　4級／40問

問題形式　マークシート4者択一方式　　試験時間　50分

合格基準　1級・2級／100点満点中70点以上で合格
3級・4級／100点満点中60点以上で合格
※ただし、1級試験で60〜69点の方は準1級と認定します。

試験の詳細につきましては、下記ホームページにてご案内しております。

https://www.astro-test.org/

4

Exercise book for Astronomy-Space Test

天文宇宙検定

CONTENTS

天文宇宙検定とは 3
天文宇宙検定4級問題集について／受験要項 4

0章 宇宙にのりだそう 7

1章 月と地球 21

2章 太陽と地球 43

3章 太陽系の世界 61

4章 星座の世界 83

5章 星と銀河の世界 109

6章 天体観察入門 127

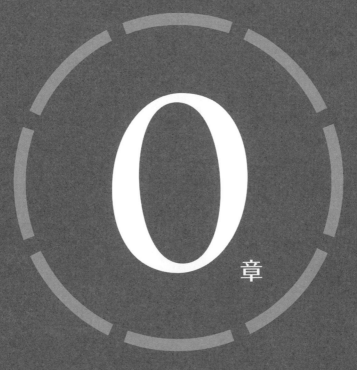

0 章

EXERCISE BOOK FOR ASTRONOMY-SPACE TEST

宇宙にのりだそう

Q 1

次のうち、もっとも速いものはどれか。

① 新幹線
② ジェット旅客機
③ 音
④ 国際宇宙ステーション

Q 2

光年とは、何を表す単位か。

① 時間
② 距離
③ 速さ
④ 重さ

Q 3

宇宙での距離を表す単位「光年」とは何か。

① 光の速さで1年かけて進む距離
② 太陽と地球の間の平均距離
③ 太陽の半径
④ 30兆8600億kmのこと

Q4 日本での太陽の見かけの動きで、正しいものはどれか。

① 東 → 南 → 西

② 東 → 北 → 西

③ 西 → 南 → 東

④ 西 → 北 → 東

Q5 南半球に位置するオーストラリアのシドニーでは、太陽の通り道は、どのようになるのだろうか。

① 東 → 南 → 西

② 西 → 南 → 東

③ 東 → 北 → 西

④ 西 → 北 → 東

Q6 次のうち、天体が太陽から遠い順にならんでいるものはどれか。

① オリオン大星雲－アンドロメダ銀河－シリウス－木星

② オリオン大星雲－シリウス－アンドロメダ銀河－木星

③ アンドロメダ銀河－オリオン大星雲－シリウス－木星

④ アンドロメダ銀河－オリオン大星雲－木星－シリウス

④ 国際宇宙ステーション

地球のまわりを回っている国際宇宙ステーションは秒速約7800mに達する。音の速さは地上で秒速約340m、ジェット旅客機は秒速約300m、新幹線は秒速約80mである。ちなみに、光は秒速約30万km（単位のちがいに注意）で圧倒的に速い。

② 距離

光年とは、光が1年間に進む距離のことをいう。1光年は約9兆4600億kmである。

第13回正答率 79.6%

① 光の速さで1年かけて進む距離

「光年」とは、光の速さで1年間に進むことのできる距離。約9兆4600億km。②、③、④も天文の距離を表す単位に関係している。②は「天文単位」といい、約1億5000万km。③は、そのまま「太陽半径」といい、約69万6000km。④は「パーセク」という単位に関係する。1パーセクは約30兆8600億kmで約3.26光年。

① 東→南→西

日本では太陽は、東のほうからのぼり、南の空で高くなり、西のほうへとしずむ。季節によって、のぼる方角、南の空での高さ、しずむ方角は、かなり変化する。一方、南半球の南回帰線よりも南では、②のように太陽は必ず北の空にのぼっていく。南回帰線は、冬至の日の正午に太陽が真上にくる場所で、南緯23.4°である。一方、北回帰線は、夏至の日の正午に太陽が真上にくる場所で、北緯23.4°だ。ちなみに赤道は緯度が0°で、春分の日と秋分の日の正午に太陽が真上にくる。日本で人が住む最南端は沖縄県の波照間島で北緯24.0°だ。

 ③ 東→北→西

南半球※では、太陽は東のほうからのぼり北の空を通って西のほうへしずむ。ちなみに、日本では夏至のころは日が長くなるが、オーストラリアのシドニーでは日が短くなる。また、日本とは季節が逆になる。そのため、クリスマスの日、北半球の日本やヨーロッパでは真冬だが、オーストラリアでは真夏である

※南半球でも、南回帰線（南緯23度26分）と赤道の間の場所では、天頂より南側を太陽が通ることがある。

 ③ アンドロメダ銀河－オリオン大星雲－シリウス－木星

木星は太陽系の中にあるので一番近い。シリウスは、太陽からの距離が約8.6光年と近い。オリオン大星雲は、天の川銀河の中の天体で1500光年離れている。アンドロメダ銀河は、天の川銀河の外にある銀河なので一番遠くにあり、250万光年離れている。

第16回正答率 68.9%

0章

宇宙にのりだそう

11

Q7 地表からの高度が何 k m 以上で宇宙と定義されているか。

① 10 k m
② 50 k m
③ 100 k m
④ 400 k m

Q8 次のうち、地上からの高度が低い順に正しくならんでいるものはどれか。

① オーロラ、オゾン層、流れ星、国際宇宙ステーション
② オゾン層、流れ星、オーロラ、国際宇宙ステーション
③ オゾン層、オーロラ、国際宇宙ステーション、流れ星
④ 流れ星、オゾン層、国際宇宙ステーション、オーロラ

Q9 国際宇宙ステーションについての説明として、正しいものを選べ。

① 国際宇宙ステーションのことを英語名を略してISSという
② 国際宇宙ステーションは100カ国以上の国が協定を結んで運用している
③ 国際宇宙ステーションは地上から1万3000 k m の高さを飛んでいる
④ 国際宇宙ステーションは地球をちょうど1日かけて1周する

12

Q 10

地球は北極と南極を通る直線を軸にして1日1回転している。これを何というか。

① 公転

② 自転

③ 反転

④ 側転

Q 11

私たちの住む地球は、次のどの天体の仲間か。

① 恒星

② 惑星

③ 彗星

④ 小惑星

Q 12

宇宙にはいろいろな種類の天体がある。地球のまわりを回っている月は何という種類の天体になるか。

① 惑星

② 恒星

③ 彗星

④ 衛星

A7 ③ 100 ｋｍ

10ｋｍは積乱雲（入道雲）の高さで、外国に行く飛行機が飛ぶのもこのくらいの高さだ。50ｋｍはオゾン層の上の端、400ｋｍは国際宇宙ステーションが飛ぶ高さ。地球と宇宙の間にははっきりとした境目はないが、高度100ｋｍ以上を宇宙と決めることが多い。この高さを専門的にはカーマンラインと呼んでいる。

第16回正答率86.9%

A8 ② オゾン層、流れ星、オーロラ、国際宇宙ステーション

高度100ｋｍ以上にはほとんど空気がなく、100ｋｍ以上を宇宙と呼ぶことに国際航空連盟が決めた。オゾン層は、10〜50ｋｍの大気の中にある。流れ星は宇宙からのチリなどが、50〜100ｋｍにある大気がはっきりしはじめるところに、飛び込んできたときに空気とぶつかって熱くなり光る。オーロラは太陽から来た粒子（主に電子）が、宇宙空間との境目に近い100〜250ｋｍあたりのたいへん薄い空気中の酸素や窒素にぶつかって光る現象である。国際宇宙ステーションは空気のほとんどない400ｋｍの宇宙空間を飛行している。

第14回正答率40.7%

A9 ① 国際宇宙ステーションのことを英語名を略してＩＳＳという

国際宇宙ステーションの英語名はInternational Space Stationで、その頭文字を取って「ＩＳＳ」というので①が正答。
国際宇宙ステーションは15カ国が協定を結んで建設・運用しているので、②はまちがい。
国際宇宙ステーションは高度350〜400ｋｍを飛んでいるので③はまちがい。
国際宇宙ステーションは90分で地球を1周するので④はまちがい。

第15回正答率86.4%

A 10 ② 自転

天体自身が回転することを自転といい、地球の自転の回転軸を地軸という。地球は約24時間かけて1回転している。より正確には23時間56分である。

第14回正答率 97.5%

A 11 ② 惑星

自ら光を出す天体を恒星という。地球は自分で光を出さずに恒星（太陽）のまわりを回る大きめの球状の天体（自己重力で丸くなっている）なので、惑星の仲間である。地球のまわりを回っている天体を衛星という。月は地球（惑星）のまわりを回っているので衛星である。

第15回正答率 97.2%

A 12 ④ 衛星

惑星は太陽や恒星のまわりを公転し、自分では光を出さない比較的大きな天体。
恒星は太陽のように自分で光り輝く天体。
彗星は太陽のまわりを公転しているが、惑星よりはずっと小さくて、太陽の近くで温まるとガスやチリが出てボンヤリと見え尾が伸びてくる天体。
衛星は惑星のまわりを公転する天体。月は地球という惑星のまわりを公転しているので衛星になる。

第14回正答率 92.6%

Q13

自ら光り輝く星を恒星という。恒星をつくっている主な成分として、正しいものを選べ。

① 光と熱
② 空気（窒素と酸素）
③ 水
④ 水素とヘリウム

Q14

新たに発見し報告が認められると、発見の早い順に３人まで発見者の名前がつけられる天体はどれか。

① 彗星
② 小惑星
③ 流星群
④ 超新星

Q15

次の天球の図で、★印にあたる場所は次のうちどれか。

① 天頂
② 天の北極
③ 天の南極
④ 天の赤道

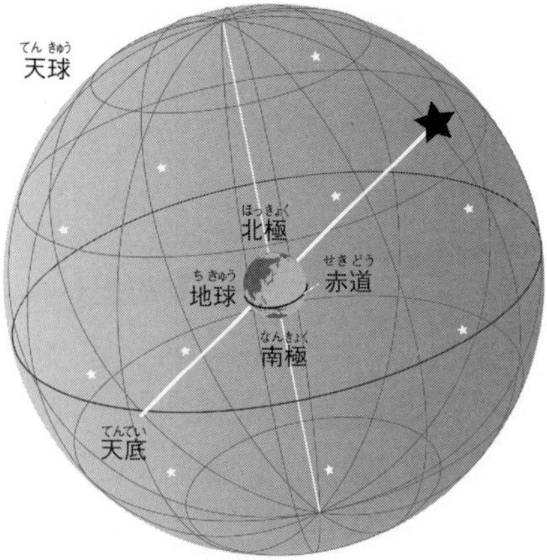
天球
北極
地球
赤道
南極
天底

Q 16 宇宙探査機と探査した天体の組み合わせとして、<u>まちがっているもの</u>はどれか。

① ジュノー：金星

② ロゼッタ：チュリュモフ・ゲラシメンコ彗星

③ はやぶさ：小惑星イトカワ

④ ニューホライズンズ：冥王星

Q 17 いつかどこかで出会えるかもしれない宇宙人のために、地球のさまざまな音や画像を保存したレコードを積んで、今も宇宙を旅している探査機はどれか。

① パイオニア10号・11号

② バイキング1号・2号

③ ボイジャー1号・2号

④ はやぶさ

Q 18 宇宙探査機がいろいろな活躍をしているが、次の中でサンプルリターンといえるのはどれか。

①「はやぶさ2」がリュウグウの砂や石などを地球に届けた

②「かぐや」が月のくわしい写真をとって地球に届けた

③「ニューホライズンズ」が初めて冥王星の写真をとって地球に届けた

④「カッシーニ」から切り離されたホイヘンスが土星の衛星タイタンに軟着陸して、いろいろなデータを地球に届けた

A 13 ④ 水素とヘリウム

恒星は宇宙が誕生したときにつくられた水素とヘリウムが主に集まってできている。恒星の中心部は、ものすごい温度と圧力になっていて、水素が合体してヘリウムになるときに、ものすごいエネルギーが生まれ（核融合という）、そのエネルギーで光り輝いている。

第13回正答率 78.9%

A 14 ① 彗星

まず新しく彗星が発見されたら、自動的に発見者の名前がつけられる。何人かが独立に（お互い発見情報を知らないで）発見した場合、早い順に3人まで発見した人や観測所などの名前がつけられる。1997年に肉眼で楽しめる大彗星となったヘール・ボップ彗星は、アラン・ヘールさんとトーマス・ボップさんにより独立に発見されたものだ。

第16回正答率 51.8%

A 15 ① 天頂

天頂は観察している人の頭の真上のことだ。逆に真下が天底である。北極点に立つと、天の北極と天頂は同じになる。また、赤道に立つと、天頂は天の赤道の中の1点になる。このように、天頂の場所は天球の中のいろいろな場所になることがある。なお、この図では観察している人は、北アメリカ近傍のどこかにいることになる。

第15回正答率 87.2%

① ジュノー：金星

探査機「ジュノー」は、NASAの木星探査機である。2011年に打ち上げられ、2016年に木星軌道に到着し、木星の大気や磁場などの調査をおこなった。②、③、④は正しい。宇宙探査機は何年も旅を続けて目的の天体に到着し、さまざまな観測をおこなう。　　　　　　　　　　　　　第15回正答率 57.8%

③ ボイジャー1号・2号

パイオニアとボイジャーは、ともに太陽系の外惑星の探査のために打ち上げられた。どちらも二度と地球には帰ってくることはなく、今も宇宙を飛び続けている。パイオニアには、絵の記された金属板が取りつけられた。ボイジャーには、レコードが取りつけてある。バイキングは、火星に着陸した探査機の名前。はやぶさは、小惑星イトカワへ行って、地球に帰ってきた探査機の名前である。

①「はやぶさ２」がリュウグウの砂や石などを地球に届けた

サンプルリターンとは、天体のサンプル（試料）を地球に持ち帰る（リターン）ことをいう。小惑星からサンプルリターンする技術は、日本が世界をリードしている。「はやぶさ」では小惑星イトカワから、「はやぶさ２」では小惑星リュウグウからサンプルリターンに成功している。その技術を使って、火星の衛星からサンプルを持ち帰るMMX計画が進められている。中国は月からのサンプルリターンに成功しているし、アメリカは火星からのサンプルリターンを計画中だ。　第15回正答率 88.4%

1章

EXERCISE BOOK FOR ASTRONOMY-SPACE TEST

月と地球

Q1
月は地球のまわりを回りながら自身も回転（自転）している。月は何日で1回自転するか。

① 1日
② 27.3日
③ 59日
④ 243日

Q2
月の形が約1カ月の周期で変わるのはなぜか。

① 地球の影に月が入るから
② 雲が月をかくすから
③ 太陽からの光のあたり方が変わるから
④ 月のその部分だけが、自分で光るようになっているから

Q3
月の満ち欠けの順番として、正しいものはどれか。

① 新月⇨上弦の月⇨満月⇨下弦の月⇨新月
② 新月⇨下弦の月⇨満月⇨上弦の月⇨新月
③ 新月⇨満月⇨下弦の月⇨上弦の月⇨新月
④ 新月⇨上弦の月⇨満月⇨新月⇨下弦の月

Q4
三日月から次の三日月が見られるまではおよそ何日くらいか。

① 15日
② 30日
③ 45日
④ 365日

Q5
夕方、南の空に半月が見えた。宇宙から見ると月はどこにあるか。

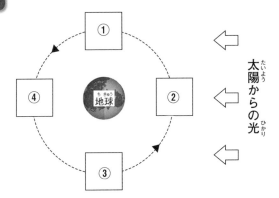

太陽からの光

Q6
満月の1日の動きを正しく説明しているものはどれか。

① 夕方に東からのぼり、朝に西にしずむ
② 1日中、真南から動かない
③ 朝に東からのぼり、夕方に西にしずむ
④ 夕方に西からのぼり、朝に東にしずむ

② 27.3日

月の自転は27.3日であると同時に公転も27.3日である。このため地球からは月の裏側を見ることができない。地球は自転するのに1日かかり、水星は59日、金星は243日かかる。

第5回正答率70.4%

③ 太陽からの光のあたり方が変わるから

月や地球は自分で光を出さない。太陽の光に照らされたところが、明るく見えている。月は地球のまわりを回っているために、地球から見ると太陽からの光のあたり方が変わっていく。そのため、月の形は毎日変わっていくように見える。

第2回正答率85.1%

① 新月⇨上弦の月⇨満月⇨下弦の月⇨新月

新月は月齢0、上弦の月は月齢7くらい、満月は月齢14〜15、下弦の月は月齢22くらい。ちなみに、三日月は月齢2〜3で、新月から上弦の月へと移る前、夕方の南西の空に光っているのを見ることができる。

② 30日

月は27.3日で地球のまわりを1回転（公転）する。しかし、地球も月もいっしょに太陽のまわりを回っている。これによって月を照らす太陽の方向が変わるので、あわせて月の満ち欠けには29.5日かかる。

第13回正答率76.9%

①

地球から見て太陽の光が当たるところが輝いている。
夕方南の空に半月が見えたということは上弦の月であり、月の位置は①となる。

第15回正答率59.0%

① 夕方に東からのぼり、朝に西にしずむ

月も太陽や星座を形づくる星々と同じように、東からのぼって、西にしずむので②と④はまちがい。テキストの図表1-3（P.23）を見てみよう。満月が見られるのは、月－地球－太陽の順番でならんだとき。真夜中の午前0時ごろに、南の空高くに見られるので①が正答。③は新月の1日の動きの説明である。

第13回正答率82.0%

Q7

月がのぼってくる時刻について、正しいものはどれか。

① 毎日少しずつ遅くなる
② 毎日少しずつ早くなる
③ 毎日同じ時刻
④ 遅くなるときと、早くなるときがある

Q8

ある日の太陽が南中したころに下弦の白い月が見えた。どの位置にどのような形で見えたか。図の灰色の部分が月が白く見えた部分とする。

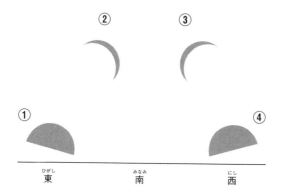

Q9

月の表面で石を拾った。月でこの石の重さをはかると10kgだった。この石を地球に持ち帰り、重さをはかると約何kgになるか。

① 約100kg
② 約60kg
③ 約40kg
④ 約20kg

Q10 月にはごくわずかな大気しかないので、太陽の光が当たっている昼間と、そうでない夜では、地面の温度がかなりちがう。どれくらい温度差があるか。

① 約30℃
② 約100℃
③ 約200℃
④ 約300℃

Q11 月をじっくり見ると、模様があることがわかる。この月の模様の黒っぽく見える部分を何と呼ぶか。

① 海
② 墨
③ 山
④ 川

Q12 月の表面にたくさん見られる円いくぼみは何という地形か。

① 海
② 扇状地
③ クレーター
④ カルデラ

① 毎日少しずつ遅くなる

地球の自転によって月は東からのぼって西へとしずんでいく。一方で、月は地球のまわりを約1カ月で一回り（公転）しているため、毎日同じ時刻の月の位置を比べると少しずつ東へずれていく。月は地球の自転によって西へと移動する間に、自分の公転によって少しだけ東へと戻っているのだ。そのため、月がのぼってくる時刻は（月がしずむ時刻も）毎日少しずつ遅くなる。

 ④

下弦の月は、月が南の空にあるころに月の左半分が光って見える半月なので、太陽が南中したころには、太陽より90°西側にある。したがって④が正答となる。①は上弦の月である。なお、上弦の月は月がしずむときには、弦が上にあるように見える。

第14回正答率 44.0%

② 約60 k g

月の重力は地球の約6分の1である。逆にいうと地球の重力は月の6倍となる。したがって、月で10 k g の重さの石は、地球に持ち帰って重さをはかると10 k g の約6倍となり、約60 k g となる。

第13回正答率 98.5%

④ 約300℃

月では、太陽の光があたる昼はおよそ110℃、夜はおよそ－170℃にもなり、温度差は約280℃、つまり300℃くらいになる。温度差が大きすぎて、月に着陸した探査機がこわれてしまうほどだ。

 ① 海

月の黒っぽく見える部分は海と呼ばれている。黒っぽい岩石（げん武岩）でできており、わりと平らである。海という名前だが、地球の海のように水があるわけではない。月の海の部分がつくる模様については、うさぎのもちつき、ほえるライオン、女の人の横顔など、世界中でいろいろに見たてられてきた。

うさぎのもちつき　　ほえるライオン　　ハサミがひとつのかに　　女の人の横顔

 ③ クレーター

クレーターは、月にいん石がぶつかってできた円いくぼみである。地球にもいん石によるクレーターはあるが、月よりはずっと少ない。月では大気や水による地形の破かいがなく、たくさんのクレーターが残っている。扇状地は山すそに川が運んだ土砂が扇のように広がった地形。カルデラは火山が噴火したあと、噴火口のまわりがへこんだ地形である。

Q13

図の A と B のクレーターの名前の組み合わせが正しいものはどれか。

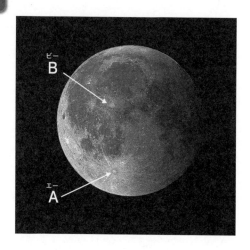

① A：ティコクレーター   B：コペルニクスクレーター
② A：コペルニクスクレーター   B：ティコクレーター
③ A：ティコクレーター   B：アルキメデスクレーター
④ A：アルキメデスクレーター   B：ティコクレーター

Q14

地球から月まで時速4 k m の徒歩で向かったとすると、どのくらいかかるか。

① およそ3日
② およそ1週間
③ およそ1年
④ およそ10年

Q 15

図は月の断面を示している。地球はどの方向にあるか。

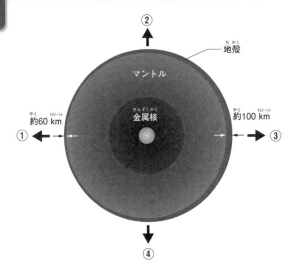

Q 16

月の直径は、地球の直径と比べるとどのくらいか。

① 地球 約4個分
② 地球 とだいたい同じ
③ 地球 の約4分の1
④ 地球 の約40分の1

Q 17

月と地球の模型を作った。この模型をどのように置けば、実際の月と地球の距離を表すことができるか。

① 地球模型の3個分くらいはなす
② 地球模型の10個分くらいはなす
③ 地球模型の20個分くらいはなす
④ 地球模型の30個分くらいはなす

A 13 ① <ruby>A<rt>エー</rt></ruby>：ティコクレーター　<ruby>B<rt>ビー</rt></ruby>：コペルニクスクレーター

大きなクレーターの名前は、主に、国際的に業績の認められたすでに亡くなった科学者や芸術家らの名前からつけられている。ティコは天体観測記録を多く残した天文学者、コペルニクスは地動説を唱えた天文学者である。アルキメデスは古代の数学者・天文学者で浮力を発見し「アルキメデスの原理」として有名である。なお、海の名前は、気象や抽象的なものからつけられていることが多い。また、宇宙船でそばに行ってわかるような小さなクレーターには、一般的に使われる名前（ファーストネーム）がつけられる。

第 16 回正答率 71.9%

A 14 ④ およそ10年

時速4ｋｍで休みなく歩き続けると1日96ｋｍ、ざっと100ｋｍ進める。月までの平均距離は約38万ｋｍなので、3800日ほどかかる（380000ｋｍ÷100ｋｍ／日＝3800日）。つまりおよそ10年くらいである。なお、50年前の1970年ごろに月に人類が行ったアメリカのアポロ計画の宇宙船は、4日で月へ到着している。

第 15 回正答率 81.4%

①

月は常に同じ面を地球に向けているが、この地球に向いた面の地殻は比較的薄く60ｋｍ、反対（裏側）の地殻は厚く100ｋｍほどである。また月の形状はわずかにラグビーボールのような形をしており、その長手方向が常に地球の方向を向くように地球の引力が働くことにより自転と公転の周期が長い期間をかけて同じになったと考えられている。　第16回正答率74.7%

③ 地球の約4分の1

月の大きさは、地球の大きさの約4分の1である。地球の直径は約1万2700ｋｍなのに対し、月の直径は約3500ｋｍほどだ。より正確には、地球の直径は月の約3.67倍である。　第16回正答率86.1%

④ 地球模型の30個分くらいはなす

月と地球の平均距離はおよそ38万ｋｍ。地球の直径はおよそ1万2700ｋｍなので、380000÷12700＝29.9……となり、だいたい地球模型の30個分はなしてならべると、月－地球模型ができあがる。実際に地球を直径13ｃｍの円板に切りぬいて、月を直径3.5ｃｍの円板に切りぬくと、地球と月の間は380ｃｍ（3ｍ80ｃｍ）も、はなさなくてはならない。実際に作ってならべてみよう。月がどのくらいはなれているか、感じられるはずだ。　第14回正答率71.9%

Q 18

海に潮干狩りに行きたいと考えている。できるだけ海の潮が引く日に合わせてでかけたい。もっとも潮が引く日の月の形はどれか。

① 三日月
② 上弦の月
③ 満月
④ 下弦の月

Q 19

満潮と干潮の起こり方の説明で、正しいものはどれか。

① 満潮は月の引力によって起こるが、干潮は太陽の引力によって起こる
② 満潮は太陽の引力によって起こるが、干潮は月の引力によって起こる
③ 満潮も干潮も、月の引力が主となって起こる
④ 満潮も干潮も、太陽の引力が主となって起こる

Q 20

昔の人びとが「いざよい」の月と呼んだ月はどれか。

①
②
③
④

Q
21

「更待月」と呼ばれる月は次のうちどれか。

① 　② 　③ 　④

Q
22

初めて月に探査機を送った国はどこか。

① アメリカ

② ソ連

③ 日本

④ 中国

③ 満月

海の潮がもっとも引く日は、大潮の日である。この日は干潮と満潮の差がもっとも大きくなる。これは地球と月と太陽が一直線にならぶことで、月の海水をもち上げる力に太陽の海水をもち上げる力が加わることで、海の水をもち上げる力が強くなるため起こる。地球と月と太陽が一直線にならぶ日は、満月の日と、新月の日になり、その日の干満を大潮という。また、上弦や下弦の月のころは、太陽と月がちょうど90°離れるため、太陽の海水をもち上げる力が月の海水をもち上げる力をじゃまするように働く。したがって潮の干満が小さくなり、この日の干満を小潮という。なお、この「海水をもち上げる力」を、起潮力や潮汐力という。

第14回正答率 52.9%

③ 満潮も干潮も、月の引力が主となって起こる

満潮や干潮は、主に月の引力が関係している。太陽の引力も関係するが、月ほどではない。満月や新月のときは、太陽、月、地球が一直線にならぶために、太陽と月の引力が合わさり、潮の干満の差が大きくなる。これを大潮という。

第15回正答率 82.2%

③

「いざよい」は「十六夜」と書き、十五夜の1日後の月をいう。「いざよう」とは「ためらう」という意味がある。満月は、ちょうど日の入りの時刻とともに東の空からのぼってくるが、翌日の十六夜の月は、満月よりも少し遅い時刻にのぼってくるので、昔の人びとには、まるでためらっているように思えたのだろうか。

第14回正答率 40.1%

「二十夜」の月のことを更待月と呼んでおり、北半球に位置する日本では④のように見える。夜が更けた午後10時ごろ月がのぼってくるため、こう呼ばれた。

三日月(眉月) 形が眉のように見える月。	上弦の月(弓張月) 弦を張った弓に見える月。半月ともいう。	十三夜月 満月とともに月見の対象とされる月。	待宵月(小望月) 満月の前夜、満月を楽しみに待つ宵の月。
満月(望月、十五夜) みんなが待ち望むまん丸の月。	十六夜 十五夜の月より遅くためらうようにのぼってくる月。	立待月 立って待っていればのぼってくる月。	居待月 前日より遅いので座って待つ月。
寝待月 さらにのぼるのが遅いので寝ながら待つ月。	更待月 夜が更けてからようやくのぼる月。	下弦の月(弓張月) 二十三夜ともいわれる半月。	有明の月 夜明け(有明)にのぼってくる月。

A 22 ② ソ連

1959年にソ連が打ち上げたルナ2号は、初めて月に到着した探査機となった。月探査はアメリカとソ連が先を争っていたが、初めはつねにソ連がリードしていた。しかしその後、1969年に最初に人類を月に送り込んだのはアメリカだった。

Q23 日本では平安時代から月を見て楽しんでいたといわれている。唐（中国）で、次の和歌をよんだのはだれか。
「天の原　ふりさけ見れば春日なる　三笠の山に出でし月かも」

① かぐや姫
② 安倍仲麻呂
③ 紫式部
④ 西行法師

Q24 人類はさまざまな方法で月を探査してきた。次のうち、月への有人着陸を果たした宇宙船はどれか。

① ルナ（ソ連）
② サーベイヤー（アメリカ）
③ アポロ（アメリカ）
④ かぐや（日本）

Q25 2019年に月探査機を史上初めて月の裏側に着陸させ、さらに2020年には別の探査機によって月の石などのサンプルを地球に持ち帰った国はどこか。

① 日本
② 中国
③ インド
④ アメリカ

Q 26 宇宙空間で作業するときに必要な宇宙服や装置の役割として、まちがっているものはどれか。

① 通信機能があり、いつでも連絡がとれるようにしている
② 体温を保つ
③ 服の中の空気を保つ（0.3気圧くらい）
④ 酸素を除去する

Q 27 次のうちで、2024年現在、国際宇宙ステーション（ＩＳＳ）に人を運んでいる民間宇宙船はどれか。

① スペースシャトル
② Ｈ－ⅡＢ
③ はやぶさ
④ クルードラゴン

A23 ② 安倍仲麻呂

百人一首には「月」がでてくる歌が12首よまれている。
問題の歌は②の安倍仲麻呂がよんだ有名な歌で、月を見ながら故郷を思いだす歌である。仲麻呂は日本から留学生として唐（中国）へ渡ったが、最後まで帰国する願いはかなわなかった。他に月がでてくる和歌として、③の紫式部は「めぐりあひて　見しやそれともわかぬ間に　雲がくれにし夜半の月かな」、④の西行法師は「嘆けとて　月やはものを思はする　かこち顔なるわが涙かな」とよんでいる。①のかぐや姫は竹取物語に出てくる月からやってきて月へ帰る人物の名前である。

第15回正答率 54.5%

A24 ③ アポロ（アメリカ）

1969年7月、アポロ11号によって人類は初めて月面に降り立った。ソ連のルナは1号から24号まであり、ルナ2号が無人探査機として初めて月面に到着した。そのあと、ソ連は有人着陸も目指したが、果たすことができなかった。アメリカのサーベイヤーや日本のかぐやも無人探査機である。

A25 ② 中国

中国が月の裏側に着陸させた探査機は「嫦娥4号」、月のサンプルを持ち帰らせたのは「嫦娥5号」だった。中国は「天宮」と呼ばれる独自の宇宙ステーションも持っており、その宇宙開発の発展はすさまじい。
③のインドは、2023年に「チャンドラヤーン3号」が月の南極付近に着陸。世界で4番目の着陸成功国となった。①の日本は、2024年1月に小型月着陸実証機「SLIM」が月面着陸に成功して、5番目の着陸成功国となった。

第16回正答率 67.0%

④ 酸素を除去する

宇宙服には、人の呼吸に必要な酸素を供給する酸素ボンベがある。酸素を除去する装置はついていない。

現在、NASAは最新の技術を搭載し、軽量で、ほぼすべての体型に対応する新しい宇宙服の開発を進めている。有人探査のアルテミス計画で使用される予定だ。

第15回正答率88.2%

④ クルードラゴン

クルードラゴンはスペースX社が開発した宇宙船で、ファルコン9ロケットで打ち上げられている。これまで、宇宙飛行士の野口聡一さんらも搭乗した。①スペースシャトルは2011年に引退し、現在はアメリカの博物館などに展示されている。② H - ⅡB は日本のロケットだが、日本では有人宇宙飛行をする宇宙船の開発はおこなっていない。③のはやぶさは、2003年に日本が打ち上げた小惑星探査機で、地球から宇宙へ自力で飛び出す推進力はないので、ロケットに格納されて、宇宙空間で放たれた。

2章

EXERCISE BOOK FOR ASTRONOMY-SPACE TEST

太陽と地球

Q1 日本において、1年のうちで一番夜が長い日は、次のうちどれか。

① 春分の日　　　　　② 夏至の日
③ 秋分の日　　　　　④ 冬至の日

Q2 日本の学校が冬休みになって、オーストラリアへ旅行に行くことになった。そのときのオーストラリアの季節はどれか。

① 春　　　　　　　② 夏
③ 秋　　　　　　　④ 冬

Q3 日本での夏至について、正しいものはどれか。

① 太陽が西のほうからのぼる
② 1年で太陽がもっとも空高くのぼる
③ 1年で一番夜が長い
④ 太陽が南の空で長い時間止まる

Q4 日本では、1年で1番昼の長い日を夏至というが、それはいつごろか。

① 5月21日ごろ
② 6月21日ごろ
③ 7月21日ごろ
④ 8月21日ごろ

Q5

赤道直下の町で、年に2回、晴れているのに、地面に垂直に立てた棒の影がなくなる日があるという。それはいつといつか。

① 夏至と冬至の日の正午
② 春分と秋分の日の正午
③ 冬至と春分の日の正午
④ 夏至と秋分の日の正午

Q6

南半球にあるオーストラリアの都市シドニーで北向きの窓がある部屋がある。この窓から日差しがもっとも奥まで差し込むのはいつか。

① 春分の日（3月21日ごろ）
② 夏至の日（6月21日ごろ）
③ 秋分の日（9月23日ごろ）
④ 冬至の日（12月22日ごろ）

Q7

「アルテミス計画」とは、どのようなものか。

① 人類を金星に到達させることを目的とする計画
② 月に人類を到達させることのみを最終の目的とする計画
③ 月に人類の活動の拠点をつくることを目的とする計画
④ 宇宙旅行に誰でも自由に行けるようにすることを目的とする計画

A1 ④ 冬至の日

日本など北半球では1年のうちで一番昼が長い日を「夏至」、1年のうち一番夜が長い日を「冬至」という。「夏至」は6月21日あたり、「冬至」は12月22日あたりだが、毎年必ずしも同じ日というわけではない。なお、赤道直下では、昼と夜の長さは1年を通して同じであり、赤道付近では昼と夜の長さのちがいは1年の間でも非常に小さい。

第13回正答率93.2%

A2 ② 夏

日本は北半球にあるが、オーストラリアは南半球にある。地球の地軸がかたむいているために、季節による太陽の光の当たり方が北半球と南半球では逆になる。そのため、季節も逆になってしまう。日本が冬ならば、オーストラリアは夏である。

A3 ② 1年で太陽がもっとも空高くのぼる

日本での夏至は、1年で一番昼が長くなり、太陽がもっとも高くのぼる。しかし夏至の日だからといって、太陽が西のほうからのぼってきたり、太陽の動くスピードが変わったりはしない。

A4 ② 6月21日ごろ

夏至は夏という漢字を使うので、真夏のころを想像するが、6月21日ごろになる。本当の暑さは夏至をこえてからやってくる。7月、8月の真夏のころには、もう昼の長さは夏至のころに比べると短くなってきている。

第14回正答率62.4%

A5 ② 春分と秋分の日の正午

赤道では、春分の日と秋分の日の正午には、太陽が頭の真上（90°）に来るので、影はなくなる。

赤道直下というだけでも暑そうなのに、頭の真上から太陽にてらされるのは、さぞかし暑いことだろう。 第14回正答率 51.0%

A6 ② 夏至の日（6月21日ごろ）

北半球では夏至の日に太陽の高度が高くなり、冬至の日に低くなる。しかし南半球ではその逆で、夏至の日に太陽の高度が低くなり、冬至の日に高くなる。したがって、南半球で窓からの日差しがもっとも奥まで差し込むのは夏至の日である。夏至の日は、日本では夏だが、オーストラリアでは冬なのだ。 第15回正答率 57.3%

A7 ③ 月に人類の活動の拠点をつくることを目的とする計画

アポロ計画は、人類が月に行き、いろいろな観測をして戻ってくるというものだったが、アルテミス計画は月面に基地を建設したり、月のまわりにゲートウェイという国際宇宙ステーションのような大きな人工衛星をつくって、将来的には火星探査の拠点とするなど、壮大な計画になっている。 第16回正答率 77.4%

Q8 図は日本で見た、春分、夏至、秋分、冬至の日の太陽の、南の空と西の空の位置を示したものである。冬至の太陽の位置として、正しいものはどれか。

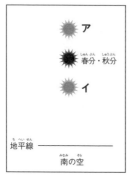
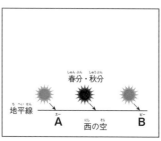

① 南の空ではアの位置にあり、西の空ではAの位置にしずむ
② 南の空ではアの位置にあり、西の空ではBの位置にしずむ
③ 南の空ではイの位置にあり、西の空ではAの位置にしずむ
④ 南の空ではイの位置にあり、西の空ではBの位置にしずむ

Q9 下の写真のように、太陽の表面にしみのような模様が見えることがある。これは何か。

① 黒点
② プロミネンス
③ フレア
④ コロナ

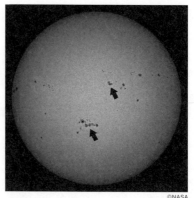

©NASA

Q 10

太陽の表面に見られる黒点の温度は、そのまわりの温度に比べてどうか。

① まわりより低い

② まわりと同じぐらい

③ まわりより高い

④ まわりより低いものと高いものがある

Q 11

次のうち太陽が自転していることを表しているのはどれか。

① 黒点はしだいに位置を変えていく

② 黒点が消えたり現れたりする

③ 大きなプロミネンスが発生する

④ 太陽の南極側、北極側に大きな黒点が発生する

Q 12

太陽の自転周期について正しいものはどれか。

① 北極・南極付近：約25日、赤道付近：約25日

② 北極・南極付近：約25日、赤道付近：約30日

③ 北極・南極付近：約30日、赤道付近：約25日

④ 北極・南極付近：約30日、赤道付近：約30日

③ 南の空ではイの位置にあり、西の空ではＡの位置にしずむ

冬至の太陽は南中高度が低く（イ）、日の入りも西よりも南より（Ａ）になる。一方、夏至の太陽は南中高度が高くなり（ア）、日の入りも西よりも北より（Ｂ）になる。

第16回正答率63.2%

① 黒点

黒点は太陽の表面で温度がまわりよりも低くなっている部分である。なお、太陽の観察は正しい知識をもっておこなわなければたいへん危険なので、注意が必要だ。

第14回正答率98.1%

A 10 ① まわりより低い

太陽の表面の温度は約6000℃で、黒点はそれよりも2000℃ほど温度が低い。それだけ光り方も弱く、まわりより暗く見える。ただ「黒い点」と書いても、まったく光を出していないのではない。

A 11 ① 黒点はしだいに位置を変えていく

イタリアの科学者ガリレオ・ガリレイは、1613年に発表した本で、黒点が移動していることから、初めて太陽が自転していると主張した。また、日本でも江戸時代に太陽黒点の観測をおこなった国友一貫斎は、約1年間の観測をおこない、黒点の移動が太陽の自転であることを知っていた。黒点を継続して観測するだけで太陽が自転していることがわかる。

A 12 ③ 北極・南極付近：約30日、赤道付近：約25日

地球は北極・南極付近、赤道付近、そのほかの場所でも1日の周期で自転する。しかし、太陽はガスのかたまりなので場所によって自転速度がちがう。太陽の北極・南極付近では約30日、赤道付近では約25日の周期で自転する。地球から観測すると赤道付近は27日で1回転しているように見えるが、これは地球が太陽の自転方向と同じ向きに公転しているため、見かけ上、2日分ほど長くなる。

第13回正答率 37.4%

Q 13 太陽についてまちがっているものはどれか。

① 太陽の直径は地球が109個ならぶ大きさである
② 太陽の温度は表面よりも中心のほうが高い
③ 太陽は岩石でできた高温の星である
④ 太陽の密度は水よりも大きい

Q 14 太陽の中心で発生した熱が太陽の表面まで伝わるには、どのくらいかかるか。

① 10年
② 100年
③ 1万年
④ 1000万年

Q 15 次のうち、太陽表面に見られる現象ではないものはどれか。

① 大赤斑
② フレア
③ プロミネンス
④ 黒点

Q 16
次の図は太陽の構造を示したものである。もっとも温度が高いのはどこか。

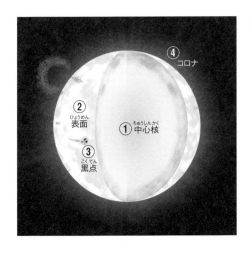

Q 17
太陽の表面温度はおよそ何℃か。

① 4000℃
② 6000℃
③ 600万℃
④ 1400万℃

Q 18
太陽が光り輝くエネルギーの元は何か。

① 石炭が燃えて生まれた熱
② 天然ガスが燃えて生まれた熱
③ 核分裂反応で生まれた熱
④ 核融合反応で生まれた熱

③ 太陽は岩石でできた高温の星である

太陽は岩石ではなくガス（気体）でできた高温の星である。直径はおよそ139万
ｋｍで、地球が109個ならぶ大きさ。表面の温度はおよそ6000℃、中心は
1400万℃ほどにもなる。ガスでできていても平均密度は水より大きく、水のおよそ
1.4倍である。

④ 1000万年

太陽は巨大なので、中心で発生した熱は、すぐには表面まで伝わってこない。熱は、
ぎゅうぎゅうにつまった太陽の内部のガスの中をガスにとらえられては出ていくようにじ
わじわと進むため、時間をかけなければ、なかなか太陽の表面まで届かない。ちょう
ど、大勢の人がぎゅうぎゅうに集まっているところで、なかなか前に進めないのと同じ
ような状況なのだ。そのため、熱が表面に到達するためには、1000万年という
長い時間が必要になる。

① 大赤斑

大赤斑は、木星に見られる台風のような巨大な風の渦巻きのことで、太陽表面の現
象とは関係ない。フレアは、太陽表面で爆発が起こったもの。プロミネンスは、太
陽の縁や表面からもち上がったもやもやした雲のようなもの。黒点は、太陽表面に
見られるしみのような黒い部分で、まわりよりも温度が低いために暗く見えている場
所だ。

A 16 ① 中心核

太陽の中心では核融合反応が起こり、すさまじい熱が発生している。それが表面に伝わり、熱くなって光を出している。中心核の温度は約1400万℃、表面の温度は約6000℃である。黒点は周囲より温度が低く、約4000℃。上空をおおうコロナの温度は100万℃以上。中心核がもっとも温度が高い。

第13回正答率 89.8%

A 17 ② 6000℃

太陽は高温なガスの球で表面温度は約6000℃である。中心核は約1400万℃にもなる。

第16回正答率 71.1%

A 18 ④ 核融合反応で生まれた熱

太陽はほとんどが軽い水素ガスからできている。しかし、太陽はものすごく巨大なので、中心部では水素がぎゅうぎゅうに押し縮められ、ものすごい高温と圧力になっている。そこでは、水素が核融合を起こして、すさまじい熱が発生している。①と②は、燃えるためには酸素が必要であるし、太陽が全部石炭や天然ガスでできていても、数百万年で燃えつきてしまう。これでは46億年といわれる太陽の年齢分輝き続けることはできない。③は、原子力発電所などで利用されているもので、軽い水素などの元素とは逆に、重いウランなどの元素が必要になる。

第15回正答率 89.2%

Q
19

オーロラについて正しいものはどれか。

① 赤道付近でよく見られる
② 北極や南極の近くで見られる
③ 太陽風が弱くなると、たくさん見ることができる
④ 高度10～15 k m に出現する

Q
20

月食が起きるときの3つの天体の位置関係はどれか。

① 地球－太陽－月の順で一直線にならぶ
② 地球－月－太陽の順で一直線にならぶ
③ 太陽－地球－月の順で一直線にならぶ
④ 月－太陽－地球をこの順に直線で結ぶと直角になる

Q
21

日食が見られるのは、次のうちでどの状態のときか。

① 新月
② 三日月
③ 上弦の月
④ 満月

Q22 日食が起こる条件として、正しいものはどれか。

① 太陽－地球－月 の順にならぶ
② 太陽－月－地球 の順にならぶ
③ 太陽－金星－地球 の順にならぶ
④ 太陽－水星－地球 の順にならぶ

Q23 図の矢印の地点では、どのような現象が見られるか。

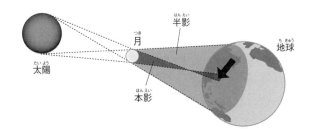

半影
月
太陽
本影
地球

① 皆既日食
② 金環日食
③ 皆既月食
④ 部分月食

Q24 皆既日食のとき、次の写真のように、太陽のまわりに白く輝いて見える大気を何というか。

① コロナ
② ブラックホール
③ フレア
④ プロミネンス

© 戸田博之

② 北極や南極の近くで見られる

太陽風にふくまれる小さな電子の粒が地球の大気中にある酸素や窒素にぶつかると、いろいろな光を出しオーロラとなる。オーロラは地磁気の影響で電子が入りやすい北極や南極の近くでよく見られるが、フレアなどが原因で太陽風が強くなると、北日本でも北の空に見られることもある。オーロラの高度は約100ｋｍ以上に出現する。

③ 太陽－地球－月の順で一直線にならぶ

太陽－地球－月の順に一直線にならんだとき、月は地球が宇宙空間につくる影の中に入り、月食となる。地球の影が月の一部分をかくす場合を部分月食、全体をかくしてしまう場合を皆既月食という。皆既月食は皆既日食のように真っ黒になるわけではなく、月が赤銅色に見える。なお月食が起きる時間に夜であれば、月食は世界で同時に観察できる。

第15回正答率84.4%

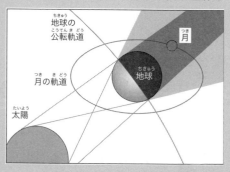

① 新月

日食は、地球から見たときに太陽と月がちょうど重なり、太陽を月がかくしてしまう現象である。つまり、太陽－月－地球の順で一直線にならんだときで、新月である。しかし、月が地球のまわりを回っている軌道は少しかたむいているので、新月のときに必ず日食になるわけではない。

② 太陽－月－地球の順にならぶ

日食は、太陽の光を月がさえぎってしまうことにより起こる。そのため、太陽と地球の間に月がくる②が正答となる。①は月食が起こる条件である。なお、③は金星の太陽面通過（金星が太陽面を横切る現象）、④は水星の太陽面通過が起こる条件である。 第14回正答率89.9%

② 金環日食

矢印の地点では金環日食が見られる。日食は、太陽・月・地球が一直線にならび、地球から見たときに、太陽を月がかくしてしまう現象だ。とくに完全に太陽をかくしてしまう場合を皆既日食という。太陽・月・地球が一直線にならんでいても、おたがいの距離の関係で、太陽が完全に月にかくされない場合がある。その場合、太陽がリングのように見えることから金環日食と呼ばれる。

第10回正答率45.0%

① コロナ

コロナは太陽の大気の一番外側の部分である。明るさが太陽表面の100分の1ほどしかないため、ふだんは見ることができないが、皆既日食で太陽表面が完全にかくされると白く輝くようすがわかる。太陽表面の温度は6000℃ほどなのに、そこから出ているコロナの温度は100万℃以上もあり、なぜ高温になるのかはなぞである。

第16回正答率78.2%

3 章

EXERCISE BOOK FOR ASTRONOMY-SPACE TEST

たいようけい せ かい
太陽系の世界

Q1
太陽系の惑星で3番目に小さい惑星はどれか。

① 水星
② 金星
③ 火星
④ 海王星

Q2
次のうち、惑星の直径が小さなものから大きなものへと正しくならんでいるものを選べ。

① 水星－火星－金星－地球
② 木星－土星－天王星－海王星
③ 天王星－海王星－土星－木星
④ 火星－水星－土星－木星

Q3
太陽系の全惑星と太陽の質量を比べてみた。正しいものはどれか。

① 太陽の質量は、全惑星の質量を合わせたものと、同じくらいになる
② 太陽の質量は、全惑星の質量を合わせたものより、小さくなる
③ 太陽の質量は、全惑星の質量を合わせたものより、倍くらい大きい
④ 太陽の質量は、全惑星の質量を合わせたものより、けたちがいに大きい

Q4 水星のクレーターには、音楽家や作家などの芸術家の名前がつけられており、日本人の名前も多くつけられている。次のうち、実際につけられているクレーターの名前はどれか。

① オウガイ・クレーター

② オサム・クレーター

③ ソーセキ・クレーター

④ ランポ・クレーター

Q5 惑星とその惑星の大気組成で一番多く占めるものの組み合わせで、<u>まちがっている</u>ものはどれか。

① 地球：酸素

② 土星：水素

③ 火星：二酸化炭素

④ 金星：二酸化炭素

Q6 太陽系の天体について<u>まちがっている</u>ものはどれか。

① 金星は「明けの明星」と呼ばれることがある

② 天王星の自転軸はほぼ真横にたおれている

③ 火星には火山がある

④ 木星には暗斑と呼ばれる黒い部分がある

63

A1 ② 金星

太陽系の惑星を小さなものから順にならべていくと、水星、火星、金星、地球、海王星、天王星、土星、木星となる。なお、木星の衛星ガニメデと土星の衛星タイタンは水星より大きい。

A2 ① 水星－火星－金星－地球

8つの惑星を直径が小さい順にならべると、水星＜火星＜金星＜地球＜海王星＜天王星＜土星＜木星の順となる。火星の直径は地球のおよそ半分、惑星の中でもっとも大きいのは木星といった具合に覚えておこう。 第14回正答率86.0%

A3 ④ 太陽の質量は、全惑星の質量を合わせたものより、けたちがいに大きい

太陽の質量は太陽系の全ての質量の約99％を占める。残りの1％に、太陽系のすべての惑星、すべての準惑星、すべての小惑星、すべての彗星などがふくまれることになる。それくらい太陽は巨大なのだ。 第14回正答率54.1%

③ ソーセキ・クレーター

ソーセキは有名な文学者夏目漱石からつけられている。『坊ちゃん』や『吾輩は猫である』などが代表作。そのほかにもムラサキ（紫式部）やバショウ（松尾芭蕉）など30個のクレーターに日本人にちなんだ名称がつけられている。また海外の有名人として、モネ（印象派を代表する画家クロード・モネ）やディズニー（アメリカの映画製作者であるウォルト・ディズニー）などもつけられている。　第13回正答率 46.9%

① 地球：酸素

地球の大気組成は窒素が約80％、酸素が約20％である。ちなみに地球温暖化などで話題になる二酸化炭素は約0.04％である。土星は水素が約93％、火星、金星はともに二酸化炭素が約96％である。　第14回正答率 51.7%

④ 木星には暗斑と呼ばれる黒い部分がある

金星は夕方か明け方にしか見ることができないが、夕方に見えるときは「宵の明星」、明け方に見えるときは「明けの明星」と呼ばれる。天王星の自転軸は、公転面にほぼ平行になっており、真横にたおれている。火星には太陽系最大といわれる火山、オリンポス山がある。木星には大赤斑とよばれる台風のような巨大な風の渦巻きがあるが、暗斑はない。暗斑があるのは海王星である。したがって④がまちがっており、正答になる。　第13回正答率 61.6%

Q7 太陽系の天体について述べた文のうち、正しいものはどれか。

① 太陽の質量は太陽系の全質量の90％である

② 天王星は海王星より直径が大きい

③ 小惑星は木星と土星の軌道の間を公転しているものが多い

④ 太陽系の惑星は9個ある

Q8 地球の内部について、正しいものはどれか。

① 内核は液体になっている

② 内核と外核は主にケイ酸塩でできている

③ 外核は液体、内核は固体になっている

④ マントルは主に鉄・ニッケルでできている

Q9 太陽系で一番ゆっくり自転している惑星はどれか。

① 水星

② 金星

③ 木星

④ 土星

Q 10

次の文は、ある惑星についての説明である。どの惑星について述べたものか。

「地球よりも小さいために、重力が地球の40％ほどしかなく、そのため大気がうすくなっている。地表面には、赤さびの成分である酸化鉄がたくさんあるため、赤く見える。」

① 水星
② 金星
③ 火星
④ 木星

Q 11

火星のオリンポス山について、<u>まちがっているもの</u>はどれか。

① 富士山の6倍以上の高さがある
② 火山である
③ マリネリス峡谷のすぐ横にある
④ 富士山と形がちがい山頂は平べったい

② 天王星は海王星より 直 径が大きい

②が正答。太陽の質 量 は太陽系の全質 量 の約99 ％ である。小 惑星は火星軌道と木星軌道の 間 を公転しているものが多い。太陽系の惑星は（水金地火木土天海）の8個である。

第 16 回正答率 55.9%

③ 外核は液体、内核は固体になっている

地 球 の内部構造は、外側は岩石、中 心部は金属である。地 球 の 中 心にある内核は固体で、そのまわりを液体の外核がとりまき、さらにマントルがとりまいている。中 心の方が液体のような気がするが、内核のある 中 心部は、より圧 力 が高いため固体になっている。

第 15 回正答率 25.6%

② 金星

自転にかかる時間は、それぞれ

水星　59日
金星　243日
木星　9.9時間
土星　10.7時間

となっていて、金星は1公転する225日より、1自転のほうが長くかかる。木星や土星のような巨大惑星のほうが自転する時間は 短 くなっている。

第 14 回正答率 32.9%

A 10　③ 火星

火星は、地球の外側を回る惑星で、赤く見えることが血を連想させ、ローマ神話の戦いの神マルスとされてきた。また火との連想から、古代中国では火星と呼ばれた。この赤さの原因は表面をおおう砂で、鉄さびの成分を多くふくんでいる。地表には水の流れたあとが残されていて、豊かに水のあった時代もあったようだ。もしかすると、生命が発生していたかもしれないと、各種探査機が送り込まれて調査されている。将来は、人類が火星に降り立つ日も夢ではない。

第16回正答率 94.3%

A 11　③ マリネリス峡谷のすぐ横にある

③がまちがいで正答となる。マリネリス峡谷は、火星の赤道近くを東西に4000km の長さにのびた、火星を1/4周もするような巨大な峡谷である。オリンポス山は、マリネリス峡谷の西側で、マリネリス峡谷から数千kmも離れているタルシス台地と呼ばれる広大な高地に位置する。オリンポス山は太陽系最大の火山といわれ、高さは2万5000mと富士山の3776mに比べると、6.6倍もの高さである。また、山頂が平べったく横に大きく広がっている形をしている。この巨大な火山と形が似ているのが、地球のハワイ島のマウナケア山などで、盾状火山といわれる。

第15回正答率 30.9%

オリンポス山

タルシス地域

マリネリス峡谷

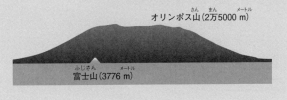

オリンポス山(2万5000m)

富士山(3776m)

Q
12

地球は1年で太陽のまわりを1周しているので、誕生日が1年に
1回やってくる。もし、他の星に住めたとして、地球時間ではかった
場合、誕生日が30年に1回しかこない惑星はどれか。

① 金星
② 火星
③ 木星
④ 土星

Q
13

2019年1月1日に探査機「ニューホライズンズ」が、これまでで
もっとも遠い天体の接近探査に成功した。その小惑星は、まるで雪
だるまのような姿をしていた。その小惑星の名前は何か。

① イトカワ
② アロコス
③ リュウグウ
④ ベンヌ

Q
14

次にあげる太陽系の惑星とそのまわりを回っている衛星の組み合わせ
のうちで、正しくないものはどれか。

① 火星ーフォボス
② 木星ーエウロパ
③ 土星ーホイヘンス
④ 海王星ートリトン

Q 15

次の写真は、ジェイムズ・ウェッブ宇宙望遠鏡による画像だが、どの惑星を写したものか。

① 海王星
② 天王星
③ 土星
④ 木星

©NASA, ESA, CSA, STScI

Q 16

次の中で、もっとも厚い大気をもっている衛星はどれか。

① 月
② ガニメデ
③ タイタン
④ トリトン

Q 17

公転する速度は、惑星によって異なっている。では公転速度が速い順番にならんでいるものはどれか。

① 地球－火星－水星－木星
② 木星－火星－地球－水星
③ 火星－地球－木星－水星
④ 水星－地球－火星－木星

A12 ④ 土星

土星の公転周期（太陽のまわりを1周する時間）は、およそ29.5年でほぼ30年である。地球で1年が決められているのと同じように考えると、地球の30年がその星の1年となるわけで、誕生日は地球の時間ではかると、30年に1度になる。

A13 ② アロコス

アロコスは地球からおよそ65億km と、冥王星よりもさらに遠くにある小惑星である。2つの小惑星がおたがいに回りながら近づいていき、合体したために雪だるまのような形になったと考えられている。
①は探査機「はやぶさ」が、③は探査機「はやぶさ2」が、④は探査機「オシリス・レックス」が探査に行った小惑星である。 第15回正答率61.3%

A14 ③ 土星－ホイヘンス

「ホイヘンス」は、土星の衛星タイタンに向けて探査機「カッシーニ」からから切り離された子機の名前だ。オランダの天文学者ホイヘンスにちなんで名づけられた。木星の衛星エウロパは、土星の衛星タイタンやエンケラドスとならんで、生命の存在が期待されている衛星。トリトンは海王星最大の衛星。

① 海王星

ジェイムズ・ウェッブ宇宙望遠鏡（JWST）が撮影した海王星である。くっきりと見える2本の細い環の間にもチリでできた薄い環がかすかに写っている。

第15回正答率 46.2%

③ タイタン

タイタンは土星最大の衛星で、厚い大気をもっていることが特徴だ。大気は主に窒素やメタンなどでできている。タイタンはとても寒いため、タイタンの地表面では、地球では通常気体になっているメタンが液体となって川や海をつくっている。月はほとんど真空といってよいが、アルゴンやナトリウムなどからなるごく薄い大気が確認されている。ガニメデもごく薄い酸素を主成分とする大気がある。またトリトンは地球と同じ窒素を主成分とする大気があるが、濃さは地球の7万分の1しかない。

④ 水星－地球－火星－木星

公転の速度は、太陽に近いほど速い。そのため、内側の惑星ほど速く公転して、外側の惑星ほどゆっくりと公転する。したがって、太陽に近い順にならんでいる④が正答になる。

第15回正答率 82.9%

Q 18 太陽系の衛星について、まちがっているものはどれか。

① 木星にある４つの大きな衛星をケプラー衛星という
② 土星のタイタンには大気があり、雨が降り、川が流れ、海がある
③ 海王星のトリトンは、海王星の自転の向きと逆に公転している
④ 土星のエンケラドスは、厚い氷の下に海があり、生命が存在するのではないかと期待されている

Q 19 次の惑星のうち、自転の向きが地球とちがうものはどれか。

① 金星
② 火星
③ 木星
④ 海王星

Q 20 自転軸のかたむきが 98° とほぼ真横に倒れた状態で自転しながら太陽のまわりを回る惑星は次のうちどれか。

① 金星
② 水星
③ 海王星
④ 天王星

Q 21 太陽系最大の衛星はどれか。

① 地球の月
② 木星のガニメデ
③ 土星のタイタン
④ 海王星のトリトン

Q 22 多くの小惑星があり「小惑星帯」と呼ばれている領域があるのはどこか。

① 金星軌道と地球軌道の間
② 地球軌道と火星軌道の間
③ 火星軌道と木星軌道の間
④ 木星軌道と土星軌道の間

Q 23 夏休みに、ペルセウス座流星群を観察した。一晩で100個以上の流れ星が見られた。観察したことの中で、まちがっているものはどれか。

① 流れ星は空のいろいろな場所に流れていた
② 明るいものが目立ったが、暗いものの方がたくさん流れていた
③ 流れ星がいっぱい流れたので、夜空の星が少なくなってしまった
④ 流れ星は、ペルセウス座の方から飛んでくるようだった

A 18 ① 木星にある4つの大きな衛星をケプラー衛星という

木星の4つの大きな衛星（イオ、エウロパ、ガニメデ、カリスト）はガリレオが見つけたので、ガリレオ衛星という。土星のエンケラドスと同じく木星のエウロパにも、氷の下に海があると考えられていて、生命の存在が期待されている。なお、ケプラーはガリレオと同じ時代の科学者で、惑星の運動の法則を発見したり、今でも広く使われているケプラー式屈折望遠鏡の原理を考案した。 第13回正答率70.1%

A 19 ① 金星

太陽のまわりを回っている惑星8つのうち、金星だけが逆方向に自転している。また、地球は1日1回転するが、金星は243日かけて1回転している。

A 20 ④ 天王星

太陽系の惑星は、それぞれ少しかたむいたまま太陽のまわりを公転している。地球は23.4°、海王星は28°かたむいているが、水星は0°、つまりかたむいていない。しかし、天王星は98°（横倒しに自転している）、金星は177°かたむいている（逆向きに自転している）。なぜこれほどかたむいているかはわかっていない。

A21 ② 木星のガニメデ

木星のガニメデは惑星である水星よりも大きい。太陽のそばにある水星とちがい、表面は氷でおおわれている。大きさは木星の30分の1ほどだ。地球の月は地球の4分の1と、地球に不釣り合いなほどだが、大きさではガニメデよりも小さい。土星のタイタンはガニメデよりは小さく、月より大きい。その表面には地球よりも分厚い大気がある。海王星のトリトンは月よりひとまわり小さく、海王星の自転と反対方向に公転しているという不思議な特徴がある。

A22 ③ 火星軌道と木星軌道の間

小惑星は大きくても直径数百kmほどで、火星の軌道と木星の軌道の間を公転しているものが多い。太陽系は、8つの惑星とそのまわりを回る衛星のほか、小惑星や彗星といった小天体などから構成されている。 第15回正答率66.8%

A23 ③ 流れ星がいっぱい流れたので、夜空の星が少なくなってしまった

流れ星は星ではなく、砂つぶや小石ほどの小さな粒が大気中に飛び込んできて光っているので、いくらたくさん流れても、夜空の星は少なくならない。ペルセウス座流星群は、毎年8月11～13日ごろにたくさん流れるので、ぜひ観察してもらいたい。 第7回正答率91.5%

3章 太陽系の世界

Q 24 流星群と関係がある天体は次のうちどれか。

① 彗星
② 衛星
③ 星雲
④ 星団

Q 25 次のうち、三大流星群ではないものはどれか。

① しぶんぎ座流星群
② ペルセウス座流星群
③ しし座流星群
④ ふたご座流星群

Q 26 探査機と探査した天体の組み合わせとして、まちがっているものはどれか。

① キュリオシティ：火星
② カッシーニ：冥王星
③ ロゼッタ：彗星
④ はやぶさ：小惑星

Q27 小型望遠鏡で見ても環が見える惑星はどれか。

① 土星
② 木星
③ 金星
④ 火星

Q28 2025年に土星の環は図のようになり、環が見えにくくなる。次に同じように環が見えにくくなるのは何年か。

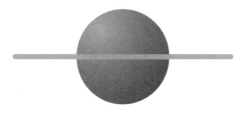

① 2029年
② 2032年
③ 2039年
④ 2042年

A 24 ① 彗星

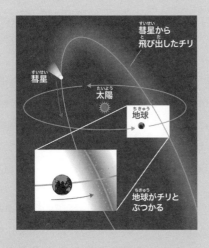

彗星から
飛び出したチリ

彗星

太陽

地球

地球がチリと
ぶつかる

彗星がまき散らしたたくさんのチリの流れを
地球がとおりぬけるとき、そのチリが地
球に飛びこんできて多くの流星として見
られるのが流星群である。

A 25 ③ しし座流星群

毎年決まった時期に多くの流れ星が放射状に流れる現象を流星群という。三大
流星群とは、しぶんぎ座流星群（1月4日ごろ）、ペルセウス座流星群（8月13
日ごろ）、ふたご座流星群（12月14日ごろ）である。しし座流星群も1833年北
米で、「空が火事になるほど」といわれるぐらいに流れ星が出現し、日本でも2001
年に1時間あたり2000個という大出現が見られた。しかし、このような大出現は
毎年ではないため、三大流星群の中には入っていない。 第14回正答率 45.2%

A 26 ② カッシーニ：冥王星

宇宙探査機は、太陽系のさまざまな天体を調査している。②の探査機「カッシーニ」
は、アメリカ航空宇宙局（NASA）と欧州宇宙機関（ESA）が共同開発した土
星探査機である。土星の北極や環、衛星などをくわしく観測した。①のキュリオシティ
は、探査車として火星表面を走行し、土壌の分析などをおこなった。③の「ロゼッタ」
は、チュリュモフ・ゲラシメンコ彗星を観測した。④の「はやぶさ」は、日本の探査機で、
小惑星イトカワの微粒子が入ったカプセルを地球に持ち帰ることに成功した。

① 土星

だれもが知っている環をもつ土星。環は数 cm から数 m の大きさの氷の粒が集まってできている。小型望遠鏡でも環があるようすや、環の間に見える黒い部分（カッシーニのすき間）なども観察できる。他にも木星や天王星、海王星に環があるが、地上から見つけるのは難しい。

 ③ 2039年

土星の公転周期は約29.5年であり、その間に2回環が見えにくくなる。そのため次に同じように環が見えにくくなるのは約14年後の2039年である。

第7回正答率 44.7%

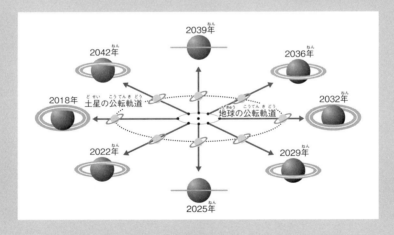

4章

EXERCISE BOOK FOR ASTRONOMY-SPACE TEST

せいざ せかい
星座の世界

Q1 次のうち、一番明るい星はどれか。

① 6等級の星
② 3等級の星
③ 0等級の星
④ −3等級の星

Q2 現在、公式に定められている星座の数はいくつあるか。

① 44個
② 88個
③ 132個
④ 176個

Q3 次の中で、星の説明として正しいものはどれか。

① 1等星は6等星より6倍明るい
② 1等星より −1等星のほうが明るい
③ 星はどれも同じ大きさ
④ 青白い星よりも、赤い色の星のほうが温度が高い

Q4

午後6時ごろ、オリオン座が東の地平線ぎりぎりのところに見えていた。オリオン座が南の空高くに見えるのは何時ごろか。

① 午後9時ごろ
② 夜中の12時ごろ
③ 明け方の3時ごろ
④ 午前6時ごろ

Q5

次のうち、直径がもっとも大きいものはどれか。

① 地球
② 木星
③ 太陽
④ ベテルギウス

Q6

太陽を直径1mの球だとすると、アンタレスはどのくらいの大きさになるか。

① 直径5mの球で、自動車がすっぽり入るくらい
② 直径50mの球で、大きなプールがすっぽり入るくらい
③ 直径300mの球で、東京ドームがすっぽり入るくらい
④ 直径700mの球で、東京スカイツリーがすっぽり入るくらい

Q7

次の4つの天体はどれも赤っぽい色に見えるが、1つだけその理由がちがうものがある。それはどれか。

① アンタレス
② 火星
③ ベテルギウス
④ アルデバラン

④ －3等級の星

古代天文学者ヒッパルコスは、特に明るい星を1等星、肉眼で見える一番暗い星を6等星とした。19世紀に入り、1等星つまり1等級の星は6等星よりも100倍明るいことがわかってきたので、等級が5等級明るいとき、明るさはちょうど100倍明るいと定めた。そして、さらに細かく決まりができ、1等星よりも明るい星を0等級の星、－1等級の星……と呼ぶようになった。太陽の明るさは、－27等級になる。これは、1等級の40万倍の明るさになる。

第15回正答率93.5%

② 88個

およそ4000年前に生まれた星座は、2世紀ごろギリシャに伝わり、プトレマイオスが48星座を定めたという。18世紀ごろ、これらに南半球から見える星座が加わった。1922年、国際天文学連合によって88個の星座が定められた。その後1928年に、全天を星座ごとに区画にわけた。きっちりと区画にわけたので、星座には夜空の番地としての使われ方ができるようになった。

② 1等星より － 1等星のほうが明るい

星の明るさを表す等級は、数値が小さいほど明るい。－1等星は、1等星の6倍以上も明るい。1等星は6等星より100倍明るい。また星はそれぞれ大きさもちがう。青白い星のほうが温度が高い。

② 夜中の12時ごろ

星は24時間で空をひと回りして元の位置に戻ってくる。東の地平線から西の地平線まで移動したら半分、つまり半日（12時間）たったことになる。東の地平線から南の空までの移動はその半分の6時間かかるから、午後6時に東に見えたオリオン座は夜中の12時ごろには南の空に見える。

第13回正答率 66.7%

④ ベテルギウス

大きさは、小さい順に①②③④である。ベテルギウスは赤色超巨星という年老いた星で、直径が太陽の約900倍もある。木星の直径は太陽のおよそ10分の1、地球の直径は太陽のおよそ109分の1にすぎない。

④ 直径700 m の球で、東京スカイツリーがすっぽり入るくらい

太陽系の中では、太陽はとても大きいが、他の星と比べると、ごくありふれた星である。宇宙には太陽よりも大きな星はいくらでもある。デネブは太陽の200倍、アンタレスは700倍、ベテルギウスは900倍以上もある。

第16回正答率 48.2%

② 火星

星座を形づくる星の色のちがいは、その星の温度に関係している。赤っぽい星は、青白い星よりも温度が低い。一方、火星のような惑星は、自ら輝くのではなく、太陽の光を反射している。火星の赤っぽい色は、火星が赤サビの成分をふくむ砂や岩石でおおわれているためだ。

Q8 北斗七星から見つけられない星は、次のうちどれか。

① うしかい座のアークトゥルス

② みなみのうお座のフォーマルハウト

③ おとめ座のスピカ

④ 北極星

Q9 図はカシオペヤ座を表している。北極星はどの方向にあるか。

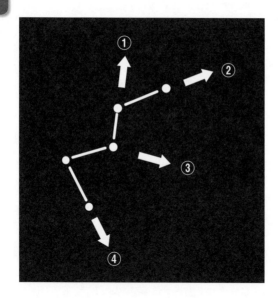

Q 10
次にあげる星座と、その星座にふくまれる 1 等星の組み合わせとして正しいものはどれか。

① ふたご座ースピカ
② おうし座ーアルデバラン
③ うお座ーフォーマルハウト
④ はくちょう座ーアルタイル

Q 11
次のうち、春の大曲線の上にない星はどれか。

① スピカ
② アークトゥルス
③ ミザール
④ レグルス

② みなみのうお座のフォーマルハウト

北斗七星は春の空高くに見え、形 がわかりやすい。それだけでなく、いろいろな星を見つけるときにも役に立つ。特に有名なのは北極星を見つけることだが、春の星であるうしかい座のアークトゥルスやおとめ座のスピカ、しし座のレグルスなども探すのに使える。ただ、秋の星座であるみなみのうお座のフォーマルハウトは、北斗七星と一緒の空に見えないため、北斗七星から星をたどって見つけることはできない。

第 15 回正答率 67.6%

③

北斗七星やカシオペヤ座を先に見つけると、北極星を探しやすい。カシオペヤ座から北極星を見つけるには、Ｗ の字の両端の2個の星をそれぞれ線で結び、それを延長して交わったところから 中央の星に直線を引き、それを延長して、交わったところから山の頂上部分までの長さの5倍のあたりを探せばよい。その付近の明るい星が北極星である。

第 14 回正答率 47.5%

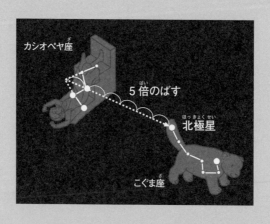

② おうし座ーアルデバラン

ふたご座の1等星はポルックス。はくちょう座にある1等星はデネブ。うお座には1等星はない。スピカはおとめ座の1等星、フォーマルハウトはみなみのうお座の1等星、アルタイルはわし座の1等星だ。

 ④ レグルス

春の大曲線は、北斗七星の柄のカーブをのばし、うしかい座のアークトゥルス・おとめ座のスピカを通る曲線。おおぐま座の二重星ミザールは北斗七星の柄にある。しし座のレグルスは春の大曲線上にはない。

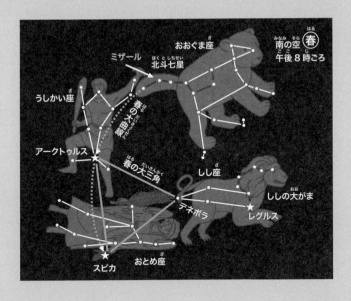

Q
12

オリオン座のリゲルは青白い色をしている。この星の表面の温度はどれぐらいか。

① 約3000℃
② 約5000℃
③ 約8000℃
④ 約1万2000℃

Q
13

アークトゥルス、スピカ、デネボラを結んでできる三角形を何というか。

① 春の大三角
② 夏の大三角
③ 秋の大三角
④ 冬の大三角

Q
14

七夕で有名なおり姫星とひこ星は、それぞれ何という星か。

① おり姫星：おとめ座のスピカ　　ひこ星：うしかい座のアークトゥルス
② おり姫星：こと座のベガ　　　　ひこ星：わし座のアルタイル
③ おり姫星：はくちょう座のデネブ　ひこ星：さそり座のアンタレス
④ おり姫星：おおいぬ座のシリウス　ひこ星：こいぬ座のプロキオン

Q 15

夏の夜、明かりのない空気のきれいな場所へ行くと、天の川が見られる。この天の川がもっとも太く明るく見えるのは、次のうちどの星座の方向か。

① カシオペヤ座
② はくちょう座
③ わし座
④ いて座

Q 16

はくちょう座には色の対比が美しい二重星がある。その名前は何か。

① デネブ
② アルビレオ
③ ミザールとアルコル
④ コルカロリ

Q 17

冬の大三角にふくまれない星はどれか。

① シリウス
② ポルックス
③ ベテルギウス
④ プロキオン

A12 ④ 約1万2000℃

星座をつくっている星の色は、その星の表面の温度と関係している。青白い星は温度が一番高く1万℃以上ある。そこから白、黄色、オレンジ、赤の順に温度が低くなっていき、赤い星では温度が3000℃ほどとなる。

第13回正答率 85.4%

A13 ① 春の大三角

うしかい座のアークトゥルス、おとめ座のスピカ、しし座のデネボラでできる三角形は、春に見つけやすい。デネボラだけが2等星なので、ほかの2つの1等星よりやや暗く見える。なお、夏の大三角はこと座のベガ、わし座のアルタイル、はくちょう座のデネブでできる三角形を、冬の大三角はオリオン座のベテルギウス、おおいぬ座のシリウス、こいぬ座のプロキオンでできる三角形をいう。しかし、秋の大三角という星の組み合わせはない。そのかわり、ペガスス座の4つの星からなる秋の四辺形がある。

第13回正答率 79.9%

A14 ② おり姫星：こと座のベガ　　ひこ星：わし座のアルタイル

七夕のおり姫星はこと座のベガ、ひこ星はわし座のアルタイルだ。どちらも1等星で明るく輝き、2つの星の間には天の川が横たわる。また、2つの星とはくちょう座のデネブを結ぶと夏の大三角ができる。

第15回正答率 77.9%

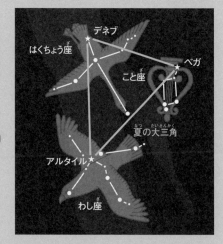

④ いて座

天の川はいて座の方向がもっとも太く明るく見える。それは天の川銀河の中心がいて座の方向にあり、その付近にたくさんの星が集まって見えるからである。ただ、日本で見ると、天頂に近いはくちょう座付近の天の川の方が、地平線近くのいて座付近より明るく見えることがある。南半球のオーストラリアなどの国で都会から離れると、いて座が天頂近くに見え、天の川がとても見事だ。 第15回正答率57.5%

 ② アルビレオ

はくちょう座で色の対比が美しい二重星は、くちばしの位置にあるアルビレオである。デネブははくちょう座の1等星、ミザールとアルコルはおおぐま座にある二重星。コルカロリはりょうけん座にある二重星で、チャールズ王の心臓という意味がある。いずれも小型望遠鏡で見ると見ごたえがある。 第5回正答率49.7%

 ② ポルックス

どれも冬に見られる1等星だが、ポルックスは冬の大三角には入らない。冬の大三角は、オリオン座のベテルギウス、おおいぬ座のシリウス、こいぬ座のプロキオンを結んだ三角形だ。ちなみに、ポルックスは6つの1等星を結んでできる六角形「冬の大六角（または冬のダイヤモンド）」を形づくる星のひとつだ。

Q 18

冬のダイヤモンド（冬の大六角）を結ぶときに使わない 1 等星はどれか。

① ポルックス
② シリウス
③ ベテルギウス
④ アルデバラン

Q 19

中国では南極老人星とも呼ばれ、この星を見みると寿命がのびるという伝説があるのは、次のうちどれか。

① スピカ
② アルビレオ
③ フォーマルハウト
④ カノープス

Q 20 冬の大三角が真南にきたとき、カノープスを探すには、シリウスからどの方向にたどっていくと見つけられるか。

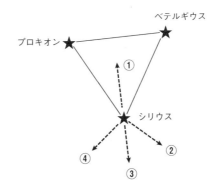

Q 21 望遠鏡を使ってオリオン大星雲を見ると、4つの星が見られた。これは何といわれているか。

① デネボラ

② シリウス

③ プレアデス星団

④ トラペジウム

Q 22 星を見ると、キラキラまたたいて見える。星のまたたきについて調べてみた。まちがっているものはどれか。

① 星は元々またたくように光っている

② 大気がゆらぐと、またたいて見える

③ 風が強いと、またたきが強くなる

④ 冷たい空気と暖かい空気がまじりあうところは、またたきが強くなる

4章 星座の世界

③ ベテルギウス

冬のダイヤモンドはシリウス、リゲル、アルデバラン、カペラ、ポルックス、プロキオンの6つの星をつないでできる六角形のこと。冬の大三角のひとつ、オリオン座のベテルギウスは、冬のダイヤモンドになると使われなくなる。代わりにオリオン座からはリゲルが入ることになる。

第16回正答率 62.7%

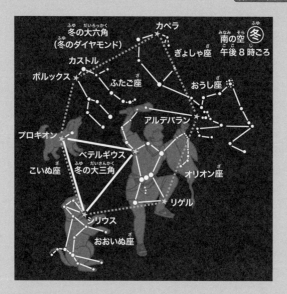

④ カノープス

この星は、りゅうこつ座の1等星でカノープスという。冬の星空で、日本から見ると南の地平線すれすれに見える星だ。福島県、新潟県あたりよりも北では見ることができない。オリオン座、おおいぬ座が真南に位置したころに、オリオンの右わきにあたるベテルギウスから左下のシリウスに向かって線をのばし、さらに下に向かって線をのばしてさがしてみよう。スピカは、春の星座おとめ座の1等星。アルビレオは、夏の星座はくちょう座の口ばしに輝く二重星。フォーマルハウトは、秋の星座みなみのうお座の1等星で、秋のひとつ星と呼ばれている。

③

おおざっぱな探し方として、カノープスはシリウスから③の方向にたどっていくと見つけられる。ただし、カノープスは南天の星なので、新潟県新潟市から福島県相馬市を結んだ線あたりより北では見ることができない。

第5回正答率51.4%

新潟

仙台
相馬
↓
カノープスが
見える

東京

④ トラペジウム

オリオン大星雲の星がつくられているところにトラペジウムと呼ばれる散開星団がある。このトラペジウムは今から10万年ほど前、オリオン大星雲の中から誕生したばかりの若い星たちである。小型の望遠鏡では明るい4つの星を見ることができる。デネボラはしし座の星、シリウスはおおいぬ座の星、プレアデス星団はおうし座にある散開星団である。

① 星は元々またたくように光っている

空気のない宇宙では、星はまたたかない。頭上の空気が動くことで、星の光がゆらめくために、星がまたたいて見える。

第13回正答率61.9%

Q23 次の図の星のならびは、12個ある誕生星座のうちの1つである。なんという星座か。

① かに座
② てんびん座
③ おひつじ座
④ やぎ座

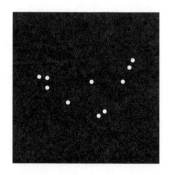

Q24 ギリシャ神話に登場するアンドロメダとペルセウスはどのような関係か。

① 親子
② きょうだい
③ 夫婦
④ いとこ

Q25 ヘルクレスが怪物ヒュドラと戦っているときに、女神ヘラにヒュドラに加勢するよう命じられたが、あえなく踏みつぶされてしまった化け物は何か。

① しし
② さそり
③ かに
④ やぎ

Q 26 次の誕生星座のうち、ゼウスが化けた動物がもとになっているものはどれか。

① さそり座
② しし座
③ やぎ座
④ おうし座

Q 27 こと座の神話について、正しいものはどれか。

① 美しいエウリディケが、オルフェウスにたて琴をあげた
② たて琴は元々大神ゼウスの持ち物だった
③ たて琴の名人オルフェウスは、太陽の神アポロンの息子だ
④ 死の国の国王ハデスは、オルフェウスが落としたたて琴を空にあげ星座にした

Q 28 ペルセウスが退治した怪物の名前は何か。

① 大じし
② 化けがに
③ ヒュドラ
④ メデューサ

④ やぎ座

やぎ座は上半身が山羊、下半身が魚に変身してしまった牧神パンの姿が星座になっている。誕生星座で有名な星座だが、3等星以下の暗めの星の集まりなので、都会では見えにくい。

第14回正答率38.4%

③ 夫婦

ペルセウスは、怪物メデューサを退治した帰り道、いけにえとなったアンドロメダ姫に出会い、おそいかかろうとしていたお化けくじらを退治した。アンドロメダ姫は助け出され、ふたりは結婚したのだった。アンドロメダ座とペルセウス座はともに秋の夜空に見ることができる。

第13回正答率58.8%

③ かに

女神ヘラはヘルクレスがきらいだったので、彼がヒュドラと戦っているすきに化けがににヘルクレスの足を切らせようとしたのだが、化けがには踏みつぶされてしまった。しかし、ヘルクレスを苦しめたことで、かには星座にしてもらった。

第16回正答率71.4%

④ おうし座

おうし座は、大神ゼウスが美しい王女エウロパに近づくために化けた真っ白な牡牛がもとになっている。花摘みをしていたエウロパの前に白く美しい牡牛が現れうずくまった。好奇心を刺激されたエウロパが牡牛の背に乗った。そのとたん牡牛がそのまま海の上を飛んで地中海をわたりクレタ島へさらっていった。ゼウスはそこで真の姿を現し、自分の花嫁にしたという。

第13回正答率 77.9%

③ たて琴の名人オルフェウスは、太陽の神アポロンの息子だ

③が正答。こと座の話には、オルフェウスとその妻エウリディケ、死の国の国王のハデスと大神ゼウスの4人が登場する。太陽の神アポロンは直接は登場しないが、たて琴の名人オルフェウスの父親である。たて琴はアポロンからオルフェルスに受けつがれたものだった。なお、アポロンは、太陽の神であるとともに音楽の神でもある。オルフェウスのたて琴を空に上げて星座にしたのは、大神ゼウスである。

第15回正答率 36.9%

④ メデューサ

メデューサは、その姿を見たものは、たちまち石になってしまうという恐ろしい怪物だった。①の大じしは、ヘルクレスが命じられた12の難行（試練）のうち、はじめに退治することになった「ネメアのしし」と呼ばれる大きなライオン。②の化けがにには、ヘルクレスを嫌っていた女神ヘラによって差し向けられたかに。ヘルクレスの足を切ろうとしたが、あっさり踏みつぶされてしまった。③のヒュドラは9つの頭をもったヘビの怪物。頭の1つは不死であり、他の8つの頭は首を切られてもまた生えてくるという。いずれもヘルクレスに退治されたあと天にのぼり、それぞれしし座、かに座、うみへび座になった。

Q 29 スパルタ王妃レダと大神ゼウスの間にできた双子の兄弟は、ポルックスともう一人はだれか。

① カストル

② シリウス

③ アルデバラン

④ リゲル

Q 30 公式に決められた88星座のうち、いちばん面積が広いものはどれか。

① くじら座

② おおぐま座

③ おとめ座

④ うみへび座

Q 31 次のうち、実際に存在する星座はどれか。

① サングラス座

② けんびきょう座

③ パソコン座

④ えんぴつ座

１つの星座なのに２つの部分に分かれている星座はどれか。

① へび座

② へびつかい座

③ うみへび座

④ みずへび座

A 29 ① カストル

レダはゼウスの子をみごもり、2つのたまごを産んだ。ひとつのたまごからは双子の男の子が、もうひとつのたまごからは双子の女の子が生まれた。双子の男の子はカストルとポルックスといい、のちにふたご座として天にのぼることになる。

A 30 ④ うみへび座

公式で決められた88星座の境界線（空のどこからどこまでがどの星座の範囲なのか）は決められている。うみへび座が一番大きい星座となる。おとめ座は2番目、おおぐま座は3番目、くじら座は4番目に大きな星座である。ちなみに、うみへび座は長い星座でもあり、その長さはなんと空の4分の1にもわたる。もっとも小さな星座はみなみじゅうじ座で、こうま座は2番目、や座は3番目に小さい星座である。

第15回正答率 58.8%

	大きい星座	広さ	小さい星座	広さ
1位	うみへび座	1303 平方度	みなみじゅうじ座	68 平方度
2位	おとめ座	1294 平方度	こうま座	72 平方度
3位	おおぐま座	1280 平方度	や座	80 平方度
4位	くじら座	1231 平方度	コンパス座	93 平方度
5位	ヘルクレス座	1225 平方度	たて座	109 平方度

A 31 ② けんびきょう座

南半球の星座には、科学機器が名前になっているものがある。けんびきょう座の他にも、ぼうえんきょう座、じょうぎ座、ちょうこくぐ座、とけい座、ポンプ座などがある。

①へび座

夏の星座である「へび座」は、頭の部分としっぽの部分が2つに分かれて、空の離れたところにある。「へび座」は「へびつかい座」がもっているへびの姿で、絵としては一体化している。しかし、2つの星座が重なっている部分をどちらか1つにしないといけないため、重なっている部分を「へびつかい座」とし「へび座」を2つに分けてしまった。

第16回正答率 22.1%

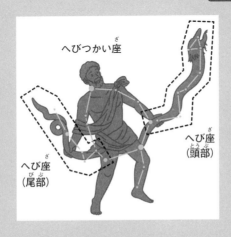

へびつかい座

へび座
（頭部）

へび座
（尾部）

4章 星座の世界

107

5章

EXERCISE BOOK FOR ASTRONOMY·SPACE TEST

星と銀河の世界

Q1

光は１秒に約30万ｋｍの速さで進む。光の速さで地球から太陽まで約８分かかるとすると、太陽までの距離は何ｋｍか。

① 約30万ｋｍ
② 約240万ｋｍ
③ 約1440万ｋｍ
④ 約１億4400万ｋｍ

Q2

ケンタウルス座のアルファ星までの距離は4.3光年である。これを光時で表すとどれだけか。

① 1500光時
② 9000光時
③ ３万5000光時
④ 40億光時

Q3

オリオン座の説明としてまちがっているものはどれか。

① オリオン座には１等星が２つある
② オリオン座の星の距離はすべて約500光年である
③ 太陽系から遠くはなれた場所から見たらちがう形の星座として見える
④ 冬を代表する星座の１つである

Q4 次のうち、太陽系に一番近い恒星はどれか。

① ケンタウルス座アルファ星
② バーナード星
③ シリウス
④ ベテルギウス

Q5 光の速さで飛行できる宇宙船が発明されて、宇宙旅行を計画したとする。次のツアーの中で一番長く旅行することになるのはどのコースか。ただし、出発地は地球とする。

① ベテルギウスまで片道旅行
② シリウスまで往復旅行
③ リゲルまで片道旅行
④ 大マゼラン雲まで往復旅行

Q6 次の画像は、何という天体をとらえたものか。

① 冥王星
② 環状星雲
③ 渦巻銀河
④ ブラックホール

©EHT Collaboration

④ 約1億4400万ｋｍ

1秒で約30万ｋｍとすると、1分で約1800万ｋｍ。太陽までは約8分かかるので1億4400万ｋｍとなる。正確には1億4960万ｋｍで、太陽からの光は8分19秒かかって地球に届く。

第13回正答率77.6%

③ 3万5000光時

光の速さで1時間かけて進む距離を1光時という。ケンタウルス座のアルファ星までの距離はおよそ4.3光年。これを4光年として計算すると、1光年＝24時間×365日＝8760光時。8760（光時）×4＝3万5040光時と求められる。つまり、光速で3万5040時間かかる距離ということだ。計算をしなくても、1光年＝約9000光時と、だいたい覚えておけば③が一番近い数字だとわかる。

② オリオン座の星の距離はすべて約500光年である

星座は地球から見た星のならびを形にしたものである。実際には、星々は宇宙空間に立体的に位置しているので、同じ星座の星でもそれぞれの星までの距離はばらばらだ。例えば、ベテルギウスまでの距離は約500光年だが、リゲルまでは約860光年である。そのため、太陽系の外の惑星にもし宇宙人がいたら、私たちとはまったくちがう形の星座をつくっているだろう。

① ケンタウルス座アルファ星

太陽系に一番近い恒星はケンタウルス座アルファ星で、およそ4.3光年離れている。つまり、私たちが見ているケンタウルス座アルファ星の輝きは、今からおよそ4年前の姿ということになる。バーナード星までは5.9光年、シリウスまでは8.6光年、ベテルギウスまでは約500光年の距離がある。

なお、ケンタウルス座アルファ星は3重連星（3つの恒星からなる連星）で、一番近い星までなら4.2光年である。

一番近い星は、「ケンタウルス座のもっとも近い星」という意味のプロキシマ・ケンタウリという名前がつけられている。

第16回正答率 78.2%

④ 大マゼラン雲まで往復旅行

ベテルギウスまでは約500光年、シリウスまで往復すると8.6光年×2で17.2光年、リゲルまでは約700光年、大マゼラン雲までは16万光年×2で32万光年。4つのツアー計画のうち、天の川銀河を飛び出す大マゼラン雲までのプランがもっとも遠くまで出かける旅行だ。

④ ブラックホール

画像の明るい色の部分は、ブラックホールのまわりを回っているガスやチリが放つ光だ。その内側にあいた黒い穴のような部分が、ブラックホールの「影」として写っている。このブラックホールは、だ円銀河M87の中心部にあり、地球から5500万光年も離れている。地球上の8つの電波望遠鏡を組み合わせ、これまで誰もその姿を見たことがなかったブラックホールの撮影に成功した。

第15回正答率 89.7%

Q7

星雲や星団、銀河には M とか NGC という記号がつけられている。これはそれぞれ天体に番号をつけたカタログの記号である。次のうち、まちがっているものはどれか。

① M と NGC の両方の番号がついている天体もある
② M と NGC では M の方が数が多い
③ M にはフランスから見えない天体はふくまれていない
④ NGC はアイルランドで活躍した天文学者がつくった

Q8

ブラックホールのまわりの明るい部分を見るには、視力 300 万が必要だという。視力 300 万で、地球から月面を見るとき、見分けられるもっとも小さいものはどれか。

① 月面にあるアポロ着陸船
② 月面にあるアポロ計画で使った月面車
③ 月面にあるゴルフボールくらいのもの
④ 月面の砂粒 1 粒 1 粒

Q9

次の写真に写っている天体は何か。

① M 31　アンドロメダ銀河
② M 42　オリオン大星雲
③ M 45　プレアデス星団
④ M 57　環状星雲

©NASA

Q 10

プレアデス星団などの散開星団について、正しいものを選べ。

① 数万〜数十万個もの恒星が、びっしりと集まっている
② バラバラだった星が、互いに引きつけ合って、集まってきている
③ 星雲の中でいっせいに生まれたきょうだい星たちである
④ ぐうぜんその方向に星があるように見えるだけで、集まっているわけではない

Q 11

星雲・星団についての次の説明の中で、正しいものはどれか。

① オリオン座の大星雲は、ガスが集まったものである
② こと座の環状星雲の中心には生まれたばかりの星がある
③ おうし座のすばるは、星がボール状に集まっている球状星団である
④ 天の川は、ぼんやりと見えているので、散開星団である

Q 12

写真の天体（M 13）は、どれぐらいの数の星が集まったものか。

① 数十個から千個ほど
② 数万から数百万個
③ 数千万から数億個
④ 数十億から1兆個

©NASA, ESA, and the Hubble Heritage Team (STScI/AURA)

A 7
② ＭとＮＧＣではＭの方が数が多い

　Ｍはフランス人の天文学者シャルル・メシエがつくったメシエカタログの記号である。メシエカタログには1〜110番までの番号がついていて、フランスのパリから小さな望遠鏡で見つけられた。一方、ＮＧＣはアイルランドで活躍した天文学者ジョン・ドライヤーがつくったカタログで、7840番までの番号がついており、②がまちがいで、正答となる。メシエの時代から100年以上たっており、望遠鏡の性能もあがったため、数が大きくふえた。ＮＧＣには南半球で観測した天体も入っているが、Ｍには、北半球にあるフランスからは見えない天体はふくまれていない。

第13回正答率30.0%

A 8
③ 月面にあるゴルフボールくらいのもの

　視力300万あれば、月面にあるゴルフボールが見分けられるという。この視力を得るためには、地球上の8カ所の電波望遠鏡を組み合わせ、地球全体に匹敵する直径約1万ｋｍの電波望遠鏡にするということが必要だった。なお、視力1は1度の60分の1を見分ける力だ。月は1度の半分なので、月の30分の1のものを見分けられる。これはざっと100ｋｍくらいにあたる。視力300万は、この300万分の1なので、1ｋｍの3万分の1、1ｍの30分の1、つまりは3ｃｍくらいのものが見分けられることになる。砂粒は無理だが4ｃｍほどのゴルフボールなら大丈夫だ。

第15回正答率47.0%

A 9
② Ｍ42　オリオン大星雲

　オリオン大星雲は、肉眼でもぼんやりとしているのが見える星雲である。オリオン座を見つけたら挑戦してみてほしい。アンドロメダ銀河や、プレアデス星団も、肉眼でわかるので探してみよう。環状星雲は、小さくて暗いので天体望遠鏡がないと見るのは難しい。

③ 星雲の中でいっせいに生まれたきょうだい星たちである

星たちは、星雲の中でガスが集まっていっせいに生まれてくる。そして、自分たちの光でまわりの残ったガスを吹き飛ばし、星として姿を現す。そのあとは、時間がたつにつれてバラバラに離れていく。太陽もかつては、ほかのきょうだい星と一緒に生まれたのだが、50億年もたつうちに離ればなれになってしまった、と考えられている。

第13回正答率 44.9%

① オリオン座の大星雲は、ガスが集まったものである

星雲とは、ガスが集まっているものをいう。オリオン座の大星雲は、肉眼でも見えるので、挑戦してみよう。こと座の環状星雲の中心の星は死にゆく星である。すばるは、プレアデス星団ともいい、バラバラと星の集まった散開星団である。天の川は、ぼんやりと見えているが、天の川銀河そのものである。

② 数万から数百万個

M13はヘルクレス座にある球状星団である。球状星団は直径10光年ほどのなかに数万から数百万個もの恒星がボールのように集まっていて、中心ほど密集している。なお、数十個から千個ほどの星がゆるやかに集まっている天体は散開星団という。数十億から1兆個以上の星の大集団は銀河である。

Q 13

『銀河鉄道999』は、主人公の少年 鉄郎が、謎の美女メーテルとともに、アンドロメダ銀河（作品中では「アンドロメダ星雲」）を目指す物語だ。もし、2人が出発するに先だって、アンドロメダ銀河に光で通信を入れておくとしたら、その通信が届くのは何年後か。

① 25年後 　　　　　　② 250年後
③ 250万年後 　　　　④ 2500万年後

Q 14

次の写真は、おおまかには同じ種類の天体である。どのような種類の天体か。

©NASA　　　　　　　©NASA　　　　©NASA, ESA, and the Hubble Heritage
Team（STScI/AURA）

① 惑星
② 星雲
③ 星団
④ 銀河

Q 15

地球から見て、天の川銀河の中心は何座の方向にあるか。

① いて座

② はくちょう座

③ おとめ座

④ オリオン座

118

Q16 天の川が濃く見える季節は夏である。その理由について正しいものを選べ。

① 夏の夜は日本から天の川銀河の中心方向が見られるから
② 夏は空気が澄んでいるから
③ 夏の間は月が夜中にのぼってこないから
④ 冬の間は天の川が地球から遠のくから

Q17 天の川銀河について、<u>まちがっている</u>ものはどれか。

① 数千億個の恒星がある
② 星雲や星団が多くふくまれる
③ ひらべったい円盤のような形をしている
④ 中心部分に太陽系がある

Q18 天の川を双眼鏡や望遠鏡で観察すると、いろいろなものがあることがわかる。次のうち、天の川にはないものはどれか。

① いろいろな星雲
② いろいろな星団
③ 暗黒星雲
④ オーロラ

③ 250万年後

アンドロメダ銀河は、およそ250万光年かなたにある。光の速さで250万年かかる距離だ。2人が乗る999号は、通信速度を超える夢の乗り物で、今の科学ではどう作ってよいか見当もつかない。人間の想像力は光の速さをも超えることができるのだ。

③ 星団

たくさんの恒星が群れている天体を星団という。星団にも種類があり、左の写真のヒアデス星団と中央のプレアデス星団は、数十個から千個の星がゆるやかに集まる散開星団である。一方、右の写真はM13という星団で、数万から数百万の星が集中してボールのような形状を示す球状星団の1つである。

第14回正答率 85.7%

① いて座

天の川をたどって見ていくと、いて座のあたりでもっとも太く見える。このいて座の方向に天の川銀河の中心がある。天の川銀河の中心には、ここでしか見られない天体が見つかっている。「いて座A」という強い電波を出す天体がそのひとつである。

① 夏の夜は日本から天の川銀河の中心方向が見られるから

天の川の正体は星の大集団、天の川銀河である。私たちの住む地球も天の川銀河の中にある。ただし、地球は天の川銀河のはしっこにあるので、日本では、夏の夜は星が多く集まっている天の川銀河の中心方向を見ることになり、反対に冬は、天の川銀河での外側を見ることになる。そのため、夏の方が天の川が濃く見えるのである。天の川銀河の中心は、夏の星座、さそり座のとなりのいて座のあたりにある。

④ 中心部分に太陽系がある

星の大集団を銀河という。特に、私たちの地球や太陽をふくむ銀河を天の川銀河という。この天の川銀河を内側から見た姿が夜空に横たわる天の川だ。地上から見上げる天の川は、夏に見られるさそり座やいて座の方向などが明るく、反対に冬のオリオン座の近くなどはあまり目立たない。つまり、私たちの太陽系は、天の川銀河の中心にはないということである。さらに他のさまざまな観測などから太陽系は天の川銀河のかなり端のほうにあることがわかっている。　第15回正答率85.7%

④ オーロラ

オーロラは、太陽からの太陽風が地球の空気とぶつかり合ってできるので、天の川とは関係がない。暗黒星雲は黒くてよく見えないが、後ろの明るい星たちをかくしているので、天の川の中にあることがわかる。　第13回正答率89.8%

次の①から④のうち、写真と天体名の組み合わせがまちがっているものはどれか。

① オリオン大星雲

©NASA

② すばる（プレアデス星団）

©NASA

③ 天の川銀河

©NASA

④ M51（子持ち銀河）

©NASA

アンドロメダ銀河、大マゼラン雲、小マゼラン雲のうち肉眼で見える銀河はいくつあるか。

① 0 　　　　② 1つ
③ 2つ 　　　 ④ 3つ

暗い空で見ることのできる次の天体のうちで、天の川銀河の外にあるものはどれか。

① オリオン大星雲 　　　② プレアデス星団
③ アンドロメダ銀河 　　④ ヒアデス星団

122

Q 22 次の中で、地球からもっとも遠い天体は何か。

① 大マゼラン雲
② 小マゼラン雲
③ アンドロメダ銀河
④ ヘルクレス座の球状星団 M 13

Q 23 日本で「すばる」とも呼ばれている天体はどれか。

① プレアデス星団　　② ヒアデス星団
③ 球状星団 M 13　　④ プレセペ星団

Q 24 写真の銀河は何と呼ばれているか。

©NASA, ESA, S. Beckwith (STScI), and The Hubble Heritage Team (STScI/AURA)

① 大マゼラン雲と小マゼラン雲
② 子持ち銀河
③ ソンブレロ銀河
④ おたまじゃくし銀河

A 19　③ 天の川銀河

③は、アンドロメダ銀河の写真。天の川銀河と似たうずまき型をしている。夜空には、さまざまな天体の姿を見ることができる。しかし、私たちは天の川銀河の中に住んでいるので、天の川銀河を外から見た姿は写真に収めることができない。

A 20　④ 3つ

銀河は、数十億～1兆個以上の恒星が集まった星の大集団である。そのような巨大な天体の銀河が、宇宙には何千億個あることがわかっている。そのほとんどが、望遠鏡でも見えないほどの遠くにある。しかし、アンドロメダ銀河、大マゼラン雲、小マゼラン雲の3つは肉眼でも見ることができる銀河である。アンドロメダ銀河は日本からでも見られるが、大マゼラン雲と小マゼラン雲は天の南極の近くにあって、日本からは見られない。ちなみに、40億年後にアンドロメダ銀河と天の川銀河は衝突して、その後合体すると考えられている。

第13回正答率69.3%

A 21　③ アンドロメダ銀河

どれも肉眼で見ることができる天体であるが、③だけは、天の川銀河のとなりの別の銀河である。他のものに比べて、けたちがいに遠い（約250万光年）のだが、1兆個もの星の集団なので明るく肉眼で見ることができる。
①は冬の星座オリオン座の中に、②、④はオリオン座のとなりのおうし座の中に、③は秋の星座のアンドロメダ座とカシオペヤ座の間に見える。暗いところなら肉眼で見えるので、見つけられるか挑戦してみよう。

第15回正答率84.4%

③ アンドロメダ銀河

M 13は天の川銀河のへりのあたりにあり約2万5100光年はなれている。①～③は、天の川銀河の外の銀河で、大マゼラン雲は約16万光年、小マゼラン雲は約20万光年、アンドロメダ銀河は約250万光年はなれている。アンドロメダ銀河と天の川銀河は、お互いに引きつけ合っていて、数十億年後には、衝突して合体すると考えられている。

第 14 回正答率 64.9%

① プレアデス星団

おうし座にあるプレアデス星団は、古くから日本では「すばる」「むつらぼし」などと呼ばれてきた。平安時代に書かれた清少納言の『枕草子』の一節にも「星はすばる。」と登場する。プレアデス星団は、肉眼でも数個の星の集まりであることがわかる。双眼鏡などを使うと、たくさんの星が視野いっぱいにばらまかれ、とても美しい。

第 16 回正答率 86.4%

② 子持ち銀河

写真は、M 51（NGC 5194）とその伴銀河NGC 5195である。M 51または衛星銀河をふくめて子持ち銀河と呼ばれる。この2つの銀河は、見た目だけでなく実際につながっている。子持ち銀河は、明るい銀河で比較的観測しやすく、その美しさからアマチュア天文家にも人気が高い。ちなみに、大マゼラン雲、小マゼラン雲、ソンブレロ銀河（おとめ座にある銀河。M 104。つばの広いメキシコの伝統的な男性用の帽子からその名がついた。）、おたまじゃくし銀河（りゅう座の銀河。明るく青い星団でできた尾をもつのが特徴である。）は、いずれも実在する。

第 16 回正答率 67.0%

6 章

てんたいかんさつにゅうもん
天体観察入門

Q1
星を観察するとき、明るい場所からいきなり夜空を見ても星が見つからない場合がある。夜空に目を慣らすには、どれぐらい時間が必要か。

① 10秒
② 10〜15分
③ 50分〜1時間
④ 2〜3時間

Q2
明日の月齢を調べるときに、使えないものはどれか。

① 星座早見ばん
② 新聞
③ インターネット
④ スマートフォンのアプリ

Q3
日本で星を観察するとき、南の空をながめるとよいことは何か。

① 季節の星座が見つけやすい
② カシオペヤ座やおおぐま座（北斗七星）が見つけやすい
③ 星が一番たくさん見える
④ 流れ星が必ず一番たくさん見える

Q4
次の写真の星座早見ばんで、調べられるものはどれか。

① その日時の星座の位置
② その日時の惑星の位置
③ その日時の月の位置と形
④ その日時の彗星の位置

© 三省堂 世界星座早見：三省堂刊

Q5
次のうち、7月7日の夜7時（19時）の星空に星座早見ばんの目盛りを正しくあわせているものはどれか。

①
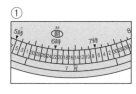

②
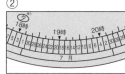

③

④
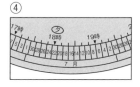

Q6
天体観察のときに特に確認しておかなくてもよい情報はどれか。

① 日の入りの時刻
② 月の出る時刻
③ 月齢
④ 潮の干満

A1 ② 10〜15分

明るいところから急に暗いところに行くと、まわりがすぐにはよく見えず、しだいに見えるようになる。これを暗順応という。星空を見る場合、暗順応のための時間は少なくとも10〜15分必要。せっかく暗闇に慣れても、明るいライトなどを見ると、暗闇に慣れた目が元に戻ってしまうので気をつけよう。

A2 ① 星座早見ばん

一般的な新聞には、明日の月齢を示した欄がある。また、インターネットで調べれば、日々の月齢を知ることができるし、パソコンやスマートフォンの天文シミュレーションアプリを使えば、月齢が詳しく分かる。星座早見ばんは、星座を探すのには便利だが、月はえがかれておらず、それを使って月の位置や月齢を知ることはできない。

第14回正答率 79.8%

A3 ① 季節の星座が見つけやすい

日本では、太陽が南の空で一番高くなるように、ほとんどの星は南の空で一番高くなる。また、少しの時間しか空にのぼらない星も、南の空でだけ見える。南は季節の星がせいぞろいする方向なのだ。なお、カシオペヤ座やおおぐま座（北斗七星）は、北の空にあり南の空にこない星座だ。また、星が一番たくさん見えるのは、地面が目に入らない頭の真上だ。流れ星は空のあちこちに流れるので、やはり頭の真上を見るほうがたくさん見られる。ただ南の方に集中して流れることもたまにはある。

① その日時の星座の位置

写真の星座早見ばんは、よく使われているもので、星座を形づくるような動かない星（恒星）しかのっていない。そして、それらの星たちが、日周運動で移動することと地球の公転による季節変化による移動しか表示できない。そのため、太陽のまわりを公転して動く星（惑星や彗星）や地球のまわりを公転して動く月の位置は別に調べる必要がある。これらの位置は、今はスマートフォンやパソコンなどで、簡単に調べることができる。なお、アプリの星座早見ばんには惑星や月が表示され調べられる。また惑星や月が書き込まれた星座早見ばんもある。

第15回正答率 95.2%

④

星座早見ばんは、カレンダーのような日付部分と、時計のような時間がかかれている部分をあわせて使う。

第13回正答率 86.1%

④ 潮の干満

天体観察をするときは日の入り後すぐでは、まだ空が十分暗くなっていないので日の入りから1時間後くらいから始めるとよい。さらに月があると月の明るさで星が見えにくくなるので、月齢や月の出る時刻もわかっているとよい。潮の干満（満ち引き）は月の方向や月齢と関係あるが、天体観察のときにはその時刻の情報は必要でない。

Q7 天体望遠鏡を使えば、昼間でも見える天体があるという。次のうち、昼間に見るのが難しいものはどれか。

① 金星

② シリウス

③ ベガ

④ アンドロメダ銀河

Q8 次のうち、星空観察にもっとも適さない日の月の形はどれか。

① 新月

② 三日月

③ 上弦の月

④ 満月

Q11 星空観察の7つ道具とは直接関係のないものはどれか。

①コンパス（方位磁針）

②定規

③かいちゅう電灯

④時計

Q10 星を見るときに持っていく灯りとして、もっとも適しているものは次のうちどれか。

① スマートフォンの光
② ろうそくの火
③ できるだけ明るいかいちゅう電灯
④ 赤いセロファンをはったかいちゅう電灯

Q11 星をさがすときの「手のものさし」で、およそ 10° を示すのは次のうちどれか。

①
②
③
④

Q12 秋の四辺形の下辺のはば（角度）を、うでをいっぱいにのばして、指ではかってみた。片手の親指とひとさし指をのばした長さは、およそ何° になるか。

① 5°
② 10°
③ 15°
④ 20°

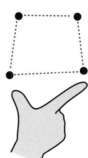

④ アンドロメダ銀河

①〜③は明るいので、望遠鏡の視野内に入れることができれば、昼間でも見ることができる。公開天文台などでは、昼間の天体を見る観望会を行っていることもあるので、参加してみるとよい。アンドロメダ銀河は、夜、暗い空でも「ぼわっ」としか見えないため、空が明るい都会では、夜でも光にまぎれてしまって見るのが難しくなる。したがって、望遠鏡の視野内に入れたとしても、昼間に見ることは不可能である。

第15回正答率51.5%

 ④ 満月

星空や天体を観察するには、できるだけ暗い空が望ましい。④の満月の日は明るいので適さない。天体観察にでかける前に、天気や月齢を新聞やインターネット、スマートフォンのアプリなどで調べることができる。

第16回正答率72.2%

 ② 定規

①、③、④は、どれも星空観察に便利なもので、7つ道具のひとつに数えられる。お目当ての星を探すとき、目安となるものさしがあると助かるが、ノートの線引きに使うような定規は、そのままでは使えないので「7つ道具」には入れない。

第3回正答率92.5%

④ 赤いセロファンをはったかいちゅう電灯

せっかく暗いところに目が慣れても、明るい光を見てしまうとまた星が見えにくくなってしまう。携帯電話やスマートフォンの光は意外に明るいので注意しよう。星空観察にもっとも適している灯りは、赤いセロファンをはって目にやさしい光にしたかいちゅう電灯だ。

②

こぶし（グー）1個がおよそ10°。うではひじをのばした状態ではかる。多少の個人差はあるが、大人も子どもも共通して使えるものさしだ。　第16回正答率91.0%

③ 15°

指1本分は1°、こぶしひとつ分は10°、親指とひとさし指をいっぱいのばすと15°、親指と小指をいっぱいのばすと20°…とおおよその角度を手ではかることができる。

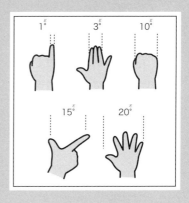

Q 13

ある日の夕方に空を見ると、東と西にとても明るい星が輝いていた。どうやら木星と金星のようだ。でもどっちがどっちなのだろう。正しいものを選べ。

① 東の星は木星、西の星は金星
② 東の星は金星、西の星は木星
③ どちらかはまったくわからない
④ 西には金星も木星もないはずなので、何か別の現象を見ている

Q 14

夜空での木星の見え方について、まちがっているものはどれか。

① 1等星より明るい
② あまりまたたかない
③ 日没後や日の出前のわずかな時間しか見ることができない
④ 恒星とは異なる動き方をする

Q 15

ある日の日没ごろ、月と金星が同じ方向に見えた。どちらの空にどのような月と金星が見えたか。

① 東の空に三日月と金星
② 東の空に満月と金星
③ 西の空に三日月と金星
④ 西の空に満月と金星

Q 16

流れ星を観察したいときの工夫として、まちがっているのはどれか。

① 15分以上は観察を続ける

② 星がよく見える暗いところで観察する

③ あお向けに寝て観察する

④ 望遠鏡で詳しく観察する

Q 17

次のうち肉眼では見ることができない惑星はどれか。

① 水星

② 火星

③ 土星

④ 海王星

6章 天体観察入門

① 東の星は木星、西の星は金星

夕方から見えるとても明るい星は、木星と金星でほぼまちがいない。金星などはあまりに明るくてUFOとまちがえる人もいるほどだ。夕方、金星は宵の明星として、太陽のしずんだ西の空に輝く。そうすると、東に輝く星は木星だろうと見当がつく。まったくの余談だが、50〜60代の人が子どものころに、『ウルトラセブン』というテレビ番組があり、最終回で主人公のウルトラセブンは「西の空に明けの明星が輝くとき……」と言って、故郷のM78星雲へ帰っていく。だが、この問題をといた人は、このセリフが明らかにまちがっていることに気づくことだろう。西も東もわからないウルトラセブンは、無事故郷に帰りつけたのか心配になる。 第13回正答率60.9%

③ 日没後や日の出前のわずかな時間しか見ることができない

惑星の中でも、水星と金星は夕方の西の空か、明け方の東の空でしか見られないが、他の惑星は真夜中でも見られる。木星は1等星よりも明るく見え、惑星はあまりまたたかない。また、惑星は星座の中を少しずつ移動していくので、恒星とは異なる動き方をする。そのため、通常の星座早見ばん（問4の写真：P129）にはえがかれていない。 第15回正答率56.5%

③ 西の空に三日月と金星

金星は地球より内側を公転しているため、日没ごろには西の空にしか（宵の明星）、明け方には東の空にしか（明けの明星）見ることができない。月は日没ごろだと、満月は東の空に見え、三日月は西の空に見える。 第14回正答率44.0%

A16 ④ 望遠鏡で詳しく観察する

流れ星は空のどこに流れるかわからないため、望遠鏡での観察は向かない。あお向けに寝て広い範囲を見るとよい。また流星群の時期に観察すると、流れ星を観察できる可能性が高くなる。

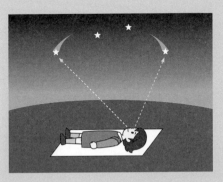

A17 ④ 海王星

水星、金星、火星、木星、土星の5惑星は望遠鏡を使わずに肉眼でも見ることができる。水星は太陽の近くを公転しているので、夕方西の空低いところか、明け方東の空低いところにしか見られずとても見つけにくいが、日時を選べば肉眼でも見ることができる。金星は水星と同じく、夕方西の空か明け方東の空にしか見られないが、水星よりは高いところで見ることができることと、とても明るいことから、簡単に見ることができる。火星・木星・土星は夕方、明け方に限らず真夜中でも見られる。どの惑星も他の星より明るいので見つけやすい。天王星は6等星のため、とても条件のよい場所なら肉眼でも見える明るさだが、他の星と区別することは難しい。海王星は8等星で、望遠鏡を使わないと見ることができない明るさである。

Q 18 真夜中の 12 時には見ることのできない惑星が 2 つある。どれとどれか。

① 水星と金星
② 金星と火星
③ 火星と木星
④ 木星と土星

Q 19 次のうち、天体望遠鏡で観察できないものはどれか。

① 木星のしま模様
② 土星の環（リング）
③ 月のクレーター
④ 太陽風

Q 20 天体望遠鏡を買ってもらったので、さっそくいろいろなものを見たいと思う。しかし、そのままで見てはいけないものが 1 つある。それはどれか。

① 月
② 太陽
③ 木星
④ オリオン大星雲

Q 21 一般的に双眼鏡を使うときのコツとして、特に必要のないのはどれか。

① 両目に幅を合わせる

② しっかりと固定する

③ ピントを合わせる

④ 北極星に向きを合わせる

Q 22 口径6cm、焦点距離900mmの屈折望遠鏡で、焦点距離20mmの接眼レンズを使うと、倍率は何倍か。

① 30倍

② 45倍

③ 120倍

④ 180倍

Q 23 レンズの大きさが5cm、倍率が10倍の双眼鏡では見ることのできないものはどれか。

① 夕空の水星

② 木星のガリレオ衛星

③ 土星のカッシーニのすき間

④ すばるの全体像

① 水星と金星

太陽系の惑星のうち、地球よりも内側の惑星を内惑星といい、外側の惑星を外惑星という。内惑星である水星と金星は、地球から見ると、太陽からある一定の角度以上離れることができないため、真夜中には見ることはできない。

第16回正答率 87.5%

④ 太陽風

天体望遠鏡は、遠くにあるものを大きく見るときに使う。①〜③は天体望遠鏡を使うと、よく見ることができる。④は太陽からふきだす電気を帯びた小さな粒の流れのことで、天体望遠鏡では観察できない。

第16回正答率 93.2%

② 太陽

太陽は、ものすごく強い光を放っているので、天体望遠鏡で一瞬でもそのまま見てしまったら、目がつぶれて二度と治らないことになる。絶対に太陽を見てはならない。ちょっとだけでも、試そうなどと考えてはならない。ガリレオも、太陽を見て目を痛めたという話が残っている。もし太陽を観測するならば、天体望遠鏡にくわしい人についてもらって、まちがいのないように十分注意しておこなってほしい。月、木星、オリオン大星雲は天体望遠鏡で観察するとさまざまな発見があるので楽しもう。

第14回正答率 97.9%

④ 北極星に向きを合わせる

双眼鏡を使うコツとして①～③がある。一般的に、双眼鏡では北極星に向きを合わせる必要はない。

 ② 45倍

望遠鏡の倍率は、「対物レンズの焦点距離÷接眼レンズの焦点距離」で求められる。口径の大きさは関係ない。ここでは、焦点距離が900ｍｍの対物レンズと20ｍｍの接眼レンズだから、900÷20で倍率は45倍となる。倍率が高いほど天体は大きく見えるが、同時に薄暗くなり、ぼやけていく。しかし、口径が大きいほど、それは改善されていく。　　　　　　　　　　　　　　第13回正答率49.3%

 ③ 土星のカッシーニのすき間

双眼鏡を使うと、肉眼で見るよりも色々な天体がよく見える。ほかにも月のクレーターや、や座、いるか座、こうま座、みなみじゅうじ座などの小さな星座も観察できる。ただ、倍率が10倍ぐらいだど、土星の環は見えず、その環の模様であるカッシーニのすき間は観察できない。　　　　　　　　　　　　　　第14回正答率62.0%

Q 24

星空を写真に撮りたいとき、用意すべきものをあげた。この中でまちがっているものはどれか。

① しっかりした三脚のほうがよい
② カメラは一眼レフでなければならない
③ レリーズはあったほうがよい
④ 手元を照らすライトはあったほうがよい

Q 25

双眼鏡で惑星を観察したところ、写真のように見えた。何という惑星か。

① 水星
② 木星
③ 土星
④ 天王星

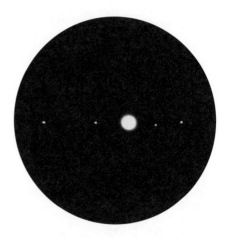

Q 26

地上で国際宇宙ステーション（ISS）を観察しようと思う。次の中でまちがっているものはどれか。

① 日がしずんだ後か夜明け前にしか見られない
② 流れ星のようにあっというまに消える
③ 飛行機のように点滅せずに空を横切る
④ 肉眼でも見つけられるくらい明るい

Q27
天体望遠鏡には、大きく屈折望遠鏡と反射望遠鏡の2種類があるが、それぞれの特徴についてまちがった説明はどれか。

① 屈折望遠鏡のほうが、手入れやあつかいがかんたん
② 屈折望遠鏡のほうが、色ズレが起きにくい
③ 反射望遠鏡のほうが、口径の大きなものをつくりやすい
④ 反射望遠鏡のほうが、像がゆらぎやすい

Q28
矢印で示した天体望遠鏡についているファインダーは、何をするためのものか。

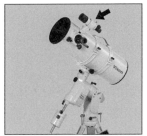

写真提供：(株)ビクセン

① 天体望遠鏡を一度に2人で見るためのもの
② 見たい天体の方向に、正確に天体望遠鏡を向けるためのもの
③ 太陽を見るときに使うもの
④ 昼間の星を見るときに使うもの

②カメラは一眼レフでなければならない

カメラは一眼レフでなくても撮影できるものがある。ほとんどのミラーレスカメラで可能だし、コンパクトデジタルカメラでも星空モードなどがあり、星を撮影できるものがある。また、スマートフォンでも最近の機種では撮影できるものが増えてきた。三脚もあったほうがよいが、地面にカメラを置いて撮ることでも、カメラの固定ができる。レリーズもなければ、タイマー機能を使って撮ってもいいし、最近はスマホからシャッターを切らせることもできるようになってきた。暗闇だと、カメラの設定などのときに困ることがあるので、小さなライトも用意しておこう。道具がそろわなくても、工夫次第で星の写真を撮ることはできるので、まずは挑戦してみよう。

第13回正答率 65.3%

②木星

双眼鏡を使うと、惑星や月、星団（すばるなど）、星雲などを見ることができる。写真では、中央の惑星の両わきに、ガリレオ衛星と呼ばれる4つの衛星が一列にならんでいるようすがわかる。これは木星だ。ガリレオ衛星は、木星のまわりを1日から数日で一回りしているので、2、3時間おき、または次の日に見てみると、衛星の位置が動いていることがわかる。

第15回正答率 81.7%

②流れ星のようにあっというまに消える

国際宇宙ステーション（ISS）は、よく晴れた夜で条件がよければ1等星よりも明るく見える。その光は1～3分ほどでゆっくりと夜空を横切っていく。これはISSが太陽の光を反射しながら地球のまわりを回っているためだ。そのため、昼間の明るい光のもとでは見えづらいし、真夜中になると地球の影に入ってしまい太陽の光があたらなくなるので、見えなくなる。

A27 ② 屈折望遠鏡のほうが、色ズレが起きにくい

屈折望遠鏡は、手入れや保管などがかんたんで初心者向きといえるが、レンズを使うので、プリズムのように色ズレ（色収差）が起きやすい。反射望遠鏡は主に鏡の反射を利用するため色ズレは起きにくいが、大きな鏡筒内部の空気の温度差によって像がゆらいでしまうことがある。また、口径の大きなレンズは高価なのでつくりにくいが、鏡は比較的安価につくれるので、口径の大きな望遠鏡は反射望遠鏡が多い。それぞれに一長一短がある。

A28 ② 見たい天体の方向に、正確に天体望遠鏡を向けるためのもの

ファインダーは、天体望遠鏡よりも低倍率になっていて、目標の天体を探しやすいようになっている。ファインダーで見たい天体を見つけて、視野の中央になるようにしてから、天体望遠鏡本体を使って、観察するようにする。もちろん事前に、ファインダーで見える視野の中央と、天体望遠鏡の視野の中央が合うように調節しておく必要がある。　　　　　　　　　　　　　　　　　第16回正答率89.4%

6章 天体観察入門

監修委員 （五十音順）

池内　了.........総合研究大学院大学名誉教授

黒田武彦.........元兵庫県立大学教授・元西はりま天文台公園園長

佐藤勝彦.........東京大学名誉教授・明星大学客員教授・日本学士院会員

沢　武文.........愛知教育大学名誉教授

柴田一成.........京都大学名誉教授・同志社大学客員教授

土井隆雄.........宇宙飛行士・京都大学特定教授

福江　純.........大阪教育大学名誉教授

吉川　真.........宇宙航空研究開発機構准教授・はやぶさ２ミッションマネージャ

天文宇宙検定　公式問題集
4級 星博士ジュニア　2024～2025年版

天文宇宙検定委員会　編

2024年4月30日　初版1刷発行

発行者　　　片岡　一成
印刷・製本　株式会社ディグ
発行所　　　株式会社恒星社厚生閣
　　　　　　〒160-0008
　　　　　　東京都新宿区四谷三栄町3番14号
　　　　　　TEL　03（3359）7371（代）
　　　　　　FAX　03（3359）7375
　　　　　　http://www.kouseisha.com/
　　　　　　https://www.astro-test.org/

ISBN978-4-7699-1706-9 C1044

（定価はカバーに表示）